高等学校"十二五"规划教材
建筑工程管理入门与速成系列

建筑工程概预算速成

杜贵成　主编

哈尔滨工业大学出版社

内 容 简 介

本书共分 8 章,内容包括:建筑工程概预算基本理论、建筑工程各项费用的确定、建筑工程定额、建筑工程工程量清单计价、建筑工程工程量计算、建筑工程设计概算编制与审查、建筑工程施工图预算编制与审查、建筑工程价款结算与竣工决算。

本书内容丰富,通俗易懂,简明实用,可供建筑工程造价人员、工程管理人员及相关专业大中专院校的师生学习参考。

图书在版编目(CIP)数据

建筑工程概预算速成/杜贵成主编. —哈尔滨:
哈尔滨工业大学出版社,2013.12
全国高等学校"十一五"规划教材
ISBN 987 - 7 - 5603 - 4406 - 5

Ⅰ.①建…　Ⅱ.①杜…　Ⅲ.①建筑概算定额-高等学校-教材
②建筑预算定额-高等学校-教材　Ⅳ.①TU723.3

中国版本图书馆 CIP 数据核字(2013)第 274078 号

策划编辑	郝庆多　段余男
责任编辑	王桂芝　段余男
封面设计	刘长友
出版发行	哈尔滨工业大学出版社
社　　址	哈尔滨市南岗区复华四道街 10 号　邮编 150006
传　　真	0451 - 86414749
网　　址	http://hitpress.hit.edu.cn
印　　刷	肇东市一兴印刷有限公司
开　　本	787mm×1092mm　1/16　印张 15.25　字数 380 千字
版　　次	2013 年 12 月第 1 版　2013 年 12 月第 1 次印刷
书　　号	ISBN 987 - 7 - 5603 - 4406 - 5
定　　价	38.00 元

编　委　会

前　言

近年来,随着我国工程造价价格体系的剧烈变化以及工程量清单计价模式的实施,我国工程造价管理改革进入了崭新的阶段,工程造价行业得到了健康、有序的发展,对于建筑工程造价从业人员的需求量也与日俱增。同时,随着住房城乡建设标准定额司最新颁布的《建设工程工程量清单计价规范》(GB 50500—2013)、《房屋建筑与装饰工程工程量计算规范》(GB 50854—2013)等新版计价规范的实施,我国建设工程计价规范标准体系得到了进一步的发展与健全。因此,如何快速、高效地掌握与应用新版计价规范,提高造价从业人员的基本素质,已成为建筑工程造价从业人员当前迫切需要解决的问题。在工程造价管理中,工程概预算是预先计算和研究建设工程价格的费用性文件,是建设项目在不同建设阶段经济上的反映。为了使造价从业人员能够更好地对工程投资进行决策、分配、控制、管理、核算和监督,我们组织相关人员,编写了这本《建筑工程概预算速成》。

本书以现行规范、标准为准则,重点突出,详略得当,内容较为完整和严谨,注意了相关知识的融贯性,体现了整合性的编写原则。

由于编者的经验与学识有限,加之当今我国建设工程造价处于不断改革和发展之中,尽管编者尽心尽力编写,但内容难免有疏漏或未尽之处,敬请专家和广大读者批评指正。

编　者
2013 年 8 月

目　　录

1 建筑工程概预算基本理论

1.1 工程建设项目及其程序

1.1.1 建设项目的划分

建设项目是指具有设计任务书和总体设计,经济上实行独立核算,行政上有独立组织形式的建设单位所从事的工程建设活动总体。为适应工程管理和经济核算的需要,可将建设项目由大到小分解为单项工程、单位工程、分部工程和分项工程。

1. 单项工程

单项工程一般是指具有独立的设计文件,建成后能独立发挥生产能力或效益的工程。一个建设项目可包括多个单项工程,但也可能仅含一个单项工程,即该单项工程就是建设项目的全部内容。

2. 单位工程

单位工程是指可单独进行设计、独立组织施工,但竣工以后不能单独形成生产能力或使用效益的工程,它是单项工程的组成部分。

3. 分部工程

分部工程是指在每一单位工程中,按工程部位、设备种类和型号、使用材料和工种的不同进行的分类。分部工程是单位工程的组成部分,在建设工程中分部工程常按照工程结构的部位或性质划分。

4. 分项工程

分项工程是指在每一分部工程中,按不同材料、不同施工方法、不同配合比、不同规格、不同计量单位等进行的划分。

分项工程是建筑产品最为基本的构成要素。土建工程中的分项工程,多数以工种来确定;安装工程中的分项工程,通常根据工程的用途、工程种类及设备装置的组别、系统特征等进行确定。分项工程是分部工程的组成部分,分部工程由若干个分项工程组成。

某建设项目划分过程及其相互关系如图 1.1 所示。

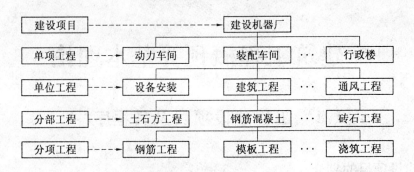

图 1.1 某建设项目划分示意图

1.1.2 工程建设项目的建设程序

建设程序是指工程建设项目从构思选择、评估、决策、设计、施工到竣工验收、交付使用等整个建设过程中,各项工作所必须遵循的先后顺序和相互关系。建设程序是工程建设项目技术经济规律的要求和工程建设过程客观规律的反映,也是工程建设项目科学决策和顺利进行的重要保证。

按照我国现行规定及工程建设项目生命期的特点,政府投资项目的建设程序可以分为以下几个阶段。

1. 项目建议书阶段

项目建议书是拟建项目单位向有关决策部门提出要求建设某一项目的建议文件,是在投资决策前通过对拟建项目建设的必要性、建设条件的可行性和获利的可能性的宏观性初步分析与轮廓设想。其主要作用是推荐一个具体项目,供有关决策部门选择并确定是否进行下一步工作。项目建议书的内容视项目的不同情况有简有繁,一般主要包括:

(1)项目提出的背景、项目概况、项目建设的必要性和依据;

(2)资源情况、建设条件与周边协调关系的初步分析;

(3)产品方案、拟建规模和建设地点的初步设想;

(4)投资估算、资金筹措及还贷方案设想;

(5)项目的进度安排;

(6)环境影响的初步评价和经济效益、社会效益的初步估计。

对于政府的投资项目,项目建议书按要求编制完后应该根据建设规模和投资限额划分分别报送有关部门进行审批。项目建议书经批准后并不表明项目可以马上建设,还需要展开详细的可行性研究。

根据《国务院关于投资体制改革的决定》(国发[2004]20号文),对于企业不使用政府投资建设的项目,一律不再实行投资决策性质的审批,根据项目不同情况实行核准制和备案制,企业不需要编制项目建议书,可直接编制项目的可行性研究报告。

2. 可行性研究阶段

可行性研究是在项目建议书批准后,对拟建项目在技术、工程和外部协作条件等方面的可行性、经济(其中包括宏观经济和微观经济)合理性进行全面分析和深入论证,为项目的决策提供依据。

可行性研究的主要任务是通过多方案比较,提出评价意见,推荐最佳方案。可行性研究的主要内容可以概括为:建设必要性研究、技术可行性研究和经济合理性研究三项。一般工业项目可行性研究的主要内容如下:

(1)项目提出的背景、投资的必要性及经济意义、工作依据和范围;

(2)市场需求预测、拟建规模和产品方案的技术经济分析;

(3)资源、原材料、燃料和公用设施等情况的分析;

(4)建设条件与项目选址(建设地点)方案;

(5)项目设计方案及协作的配套工程;

(6)环境影响评价,人文、绿色生态环境保护措施等;

(7)项目建设工期及实施进度计划;

(8)企业组织机构设计与人力资源配置;

(9)投资估算和融资方案;

(10)经济效益、社会效益评价及风险分析。

在可行性研究的基础上编制可行性研究报告,它是确定建设项目和编制设计文件的重要依据,应按照国家规定达到一定的深度和准确性。根据《国务院关于投资体制改革的决定》,对政府投资项目及非政府投资项目的可行性研究报告分别实行审批制、核准制和备案制。

3.设计工作阶段

设计工作是对拟建项目的实施在技术上和经济上所做的详尽安排,是建设目标、水平的具体化和组织施工的依据,它直接关系着工程的质量以及将来的使用效果,是工程建设中的重要环节。

一般项目进行两阶段设计,即初步设计和施工图设计。重大项目和技术上复杂而又缺乏设计经验的项目需要进行三阶段设计,即初步设计、技术设计和施工图设计。

(1)初步设计。

初步设计是根据可行性研究报告的要求所做的具体实施方案,其目的是为了阐明在指定地点、时间和投资控制数额内,拟建项目在技术上的可行性和经济上的合理性,并通过对项目所作出的技术经济规定,编制项目的总概算。

(2)技术设计。

技术设计应根据初步设计和更详细的调查研究资料编制,以进一步解决初步设计中的重大技术问题。例如,建筑结构、工艺流程、设备选型及数量确定等,使工程建设项目的设计更加具体、完善,技术经济指标更好。在此阶段需要编制项目的修正概算。

(3)施工图设计。

施工图设计是按照批准的初步设计和技术设计的要求,完整地表现建筑物外形、内部空间分割、结构体系以及建筑群的组合和周围环境的配合关系等的设计文件,并由建设行政主管部门委托有关的审查机构,进行结构安全、强制标准和规范执行情况等内容的审查。施工图一经审查批准后,不得擅自进行修改,否则必须重新报请审查后再批准实施。在施工图设计阶段需要编制施工图预算。

4. 建设准备阶段

初步设计已经批准的项目可列为预备项目。在项目开工建设之前要切实做好各项准备工作,其主要内容包括:

(1)征地、拆迁及场地平整;

(2)完成施工用水、电、道路、通信等接通工作;

(3)准备必要的施工图纸;

(4)组织招标,择优选定建设监理单位、施工承包单位及设备、材料供应商;

(5)办理工程质量监督手续和施工许可证,做好施工队伍进场前的准备工作。

5. 建设施工阶段

建设项目经批准开工建设,项目便进入了建设施工阶段。本阶段的主要任务是将构思变成工程项目实体,实现投资决策意图。本阶段的主要工作是针对建设项目或单项工程的总体规划安排施工活动;按照工程设计的要求、施工合同条款、施工组织设计及投资预算等,在保证工程质量、工期、成本、安全目标的前提下进行施工;加强环境保护,处理好人、建筑、绿色生态建筑三者之间的协调关系,从而满足可持续发展的需要;项目达到竣工验收标准后,由施工承包单位移交给建设单位。

对于生产性建设项目,在建设实施阶段还要进行生产准备,它是建设程序中的重要环节,是衔接建设和生产的桥梁,是建设阶段转入生产经营的必要条件。在项目投产之前建设单位应适时组成专门班子或机构,做好生产准备工作,从而保证项目建成后能及时投产。

生产准备工作的内容根据项目或企业的不同而异,但一般包括以下主要内容:

(1)组织管理机构,制定管理制度和有关规定;

(2)签订原料、材料、燃料、水、电等供应及运输的协议;

(3)招收并培训生产人员,组织生产人员参加设备的安装、调试和工程验收;

(4)进行工器具、备品、备件等的制造或订货及其他必需的生产准备。

6. 竣工验收阶段

建设项目依据设计文件所规定的内容在全部施工完成后,便可组织竣工验收。竣工验收是投资成果转入生产或使用的标志,也是全面考核建设成果、检验设计和工程质量的重要步骤,对促进建设项目及时投产或使用、发挥投资效益及总结建设经验起着重要作用。

竣工验收工作的主要内容包括:整理技术资料、绘制竣工图、编制竣工决算等。通过竣工验收,可检查建设项目实际形成的生产能力或效益,也可避免项目建成后继续耗费建设费用。

7. 项目后评价阶段

项目后评价是指项目在建成投产、生产运营一段时间后,再对项目的立项决策、竣工投产、设计施工、生产运营等全过程进行系统的分析;对项目实施过程、实际所取得的效益(经济、社会环境等)与项目前期评估时预测的有关经济效果值(例如净现值、内部收益率、投资回收期等)进行对比,评价与原预期效益之间的差异及其产生的原因。项目后评价是建设项目投资管理的最后一个环节,通过项目后评价可达到肯定成绩、总结经验、吸取教训和改进工作、提高决策水平的目的,并为制定科学的建设计划提供依据。

1.2 我国工程造价管理基本知识

1.2.1 工程造价的特点

工程造价特点见表1.1。

表1.1 工程造价的特点

序号	特点	说 明
1	大额性	能够发挥投资效用的任何一项工程,不仅实物形体庞大,而且造价高昂。工程造价的大额性使其关系到有关各方面的重大经济利益,同时也会对宏观经济产生重大影响。这就决定了工程造价的特殊地位,也说明了造价管理的重要意义
2	动态性	任何一项工程从决策到竣工交付使用,都有一个较长的建设期间,而且受多种不可控因素的影响。在预计工期内,许多影响工程造价的动态因素,如工程变更、材料价格变化、工资标准及费率、利率、汇率会发生变化,这种变化必然会影响到造价的变动。所以,工程造价在整个建设期中处于不确定状态,直至竣工决算后才能最终确定工程的实际造价
3	个别性、差异性	任何一项工程都有特定的用途、功能、规模。因此,对每一项工程的结构、造型、空间分割、设备配置和内外装饰都有着具体的要求,因而使工程内容和实物形态具有个别性和差异性。产品的差异性决定了工程造价的个别性差异。同时,每项工程所处地区、地段都不相同,使这一特点得到强化
4	兼容性	工程造价的兼容性首先表现在它具有两种含义,其次表现在工程造价构成因素的广泛性和复杂性。在工程造价中,首先成本因素非常复杂。其中为获得建设工程用地支出的费用、项目可行性研究和规划设计费用、与政府一定时期政策(特别是产业政策和税收政策)相关的费用占有相当的份额。再次,盈利的构成也较为复杂,资金成本较大
5	层次性	造价的层次性取决于工程的层次性。一个建设项目往往含有多个能够独立发挥设计效能的单项工程(车间、写字楼、住宅楼等)。一个单项工程又是由能够各自发挥专业效能的多个单位工程(土建工程、电气安装工程等)组成。与此相适应,工程造价有3个层次:建设项目总造价、单项工程造价和单位工程造价。如果专业分工更细,单位工程(如土建部分)的组成部分,即分部分项工程也可以成为交换对象,如大型土方工程、基础工程、装饰工程等,这样工程造价的层次就会增加分部工程和分项工程而成为5个层次。即使从造价的计算和工程管理的角度看,工程造价的层次性也是非常突出的

1.2.2　工程造价的职能

工程造价的职能见表1.2。

表1.2　工程造价的职能

序号	职能	说　明
1	预测职能	工程造价的大额性和多变性,无论投资者或是建筑商都要先对拟建工程进行测算。投资者预先测算工程造价不仅作为项目决策的依据,同时也是筹集资金、控制造价的依据。承包商对工程造价的测算,既为投标决策提供依据,也为投标报价和成本管理提供依据
2	控制职能	工程造价的控制职能表现在以下两方面: ①一方面是它对投资的控制,即在投资的各个阶段,根据对工程造价的多次性预估,对工程造价进行全过程、多层次的控制 ②另一方面是对以承包商为代表的商品和劳务供应企业的成本控制。在价格一定的条件下,企业实际成本开支决定企业的盈利水平。成本越高赢利越低,成本高于价格就危及企业的生存。所以,企业要以工程造价来控制成本,利用工程造价提供的信息资料作为控制成本的依据
3	评价职能	工程造价是评价总投资、分项投资合理性和投资效益的主要依据之一。评价土地价格、建筑安装产品和设备价格的合理性时,就必须利用工程造价资料;在评价建设项目偿贷能力、获利能力和宏观效益时,也可依据工程造价。工程造价也是评价建筑安装企业管理水平和经营成果的重要依据
4	调控职能	工程建设直接关系到经济增长,也直接关系到国家重要资源分配和资金流向,对国计民生都产生重大影响。所以,国家对建设规模、结构进行宏观调控是在任何条件下都不可缺少的,对政府投资项目进行直接调控和管理也是非常必要的。这些都要用工程造价作为经济杠杆,对工程建设中的物质消耗水平、建设规模、投资方向等进行调控和管理

1.2.3　工程造价的计价特征

1. 计价的单件性

目标工程在生产上的单件性决定了其在造价计算上的单件性,它不能像一般工业产品那样按品种、规格成批生产、统一定价,而只能按照单件计价。

2. 计价的多次性

目标工程的生产过程是一个周期长、数量大的生产消费过程,它要经过可行性研究、设计、施工、竣工验收等多个阶段,并分段进行,逐步接近实际。为适应工程建设过程中各方面经济关系的建立,适应项目管理,适应工程造价控制与管理的要求,需要根据设计和建设阶段多次计价,如图1.2所示。

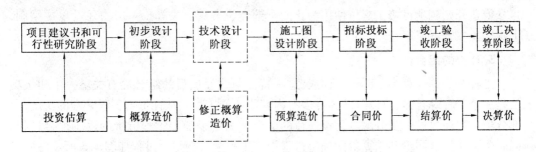

图 1.2 工程多次计价示意图

注:竖向的双向箭头表示对应关系,横向的单向箭头表示多次计价流程及逐步深化过程。

（1）投资估算。

投资估算是指在项目建议书和可行性研究阶段通过编制估算文件测算和确定的工程造价,是建设项目进行决策、筹集资金和合理控制造价的主要依据。

（2）概算造价。

概算造价是指在初步设计阶段,根据设计意向图,通过编制工程概算文件预先测算和确定的工程造价。与投资估算造价相比较而言,概算造价的准确性有所提高,但受估算造价的控制。概算造价又可分为建设项目概算总造价、各个单项工程概算综合造价、各单位工程概算造价。

（3）修正概算造价。

修正概算造价是指在技术设计阶段中根据技术设计的要求,通过编制修正概算文件预先测算和确定的工程造价。修正概算是对初步设计阶段的概算造价的修正和调整,比概算造价准确,但受概算造价控制。

（4）预算造价。

预算造价是指在施工图设计阶段,根据施工图纸,通过编制预算文件预先测算和确定的工程造价。它比概算造价或修正概算造价更为详尽和准确,但同样要受前一阶段工程造价的控制。

（5）合同价。

合同价是指在工程招标投标阶段通过签订总承包合同、建筑安装工程承包合同、设备材料采购合同,以及技术和咨询服务合同所确定的价格。合同价属于市场价格,它是由承包发包双方依据市场行情共同议定和认可的成交价格。但需要注意的是:合同价并不等同于最终决算的实际工程造价。根据计价方法的不同,建设工程合同有许多类型,不同类型合同,合同价内涵也会有所不同。

（6）结算价。

结算价是指在工程竣工验收阶段,按合同调价范围和调价方法,对实际发生的工程量增减、设备和材料差价等进行调整后计算和确定的价格,反映的是工程项目实际造价。结算价一般由承包单位进行编制,由发包单位审查,也可委托具有相应资质的工程造价咨询机构进行审查。

（7）决算价。

决算价是指工程竣工决算阶段,以实物数量和货币指标为计量单位,综合反映竣工项目从筹建开始到项目竣工交付使用为止的全部建设费用。决算价一般由建设单位编制，上报相关主管部门审查。

3. 计价的组合性

工程造价的计算为分部组合而成，这一特征与建设项目的组合性有关。一个建设项目是一个工程综合体，可以分解为许多有内在联系的工程。从计价与工程管理的角度，分部分项工程还可进一步分解。建设项目的组合性决定了确定工程造价的逐步组合过程，同时也反映到合同价和结算价的确定过程中。工程造价的组合过程如图1.3所示。

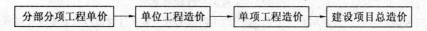

分部分项工程单价　→　单位工程造价　→　单项工程造价　→　建设项目总造价

图1.3　工程造价的组合过程示意图

4. 计价方法的多样性

工程项目的多次计价有其各不相同的计价依据，每次计价的精确度要求也各不相同，因此决定了计价方法的多样性。例如，计算投资估算的方法包括设备系数法、生产能力指数估算法等；计算概、预算造价的方法有单价法和实物法等。不同的方法适用于不同的条件，在计价时应根据具体情况加以选择。

5. 计价依据的复杂性

由于影响工程造价的因素较多，决定了计价依据的复杂性。计价依据主要可分为以下7类：

（1）人工、材料、机械等实物消耗量计算依据：包括投资估算指标、概算定额、预算定额等。

（2）设备单价计算依据：包括设备原价、设备运杂费、进口设备关税等。

（3）设备和工程量计算依据：包括项目建议书、可行性研究报告、设计文件等。

（4）工程单价计算依据：包括人工单价、材料价格、材料运杂费、机械台班费等。

（5）物价指数和工程造价指数。

（6）措施费、间接费和工程建设其他费用计算依据。主要是相关的费用定额和指标。

（7）政府规定的税、费。工程计价依据的复杂性不仅使计算过程复杂，而且要求计价人员熟悉各类依据，并加以正确的运用。

1.2.4　我国现行工程造价计价的基本方法

1. 定额计价方法

定额计价方法即工料单价法，是指项目单价采用分部分项工程的不完全价格（其中包括：人工费、材料费、施工机械台班使用费）的一种计价方法。目前我国有单价法和实物法两种计价方法。

（1）单价法。

单价法首先按相应定额工程量计算规则计算工程中各分部分项工程的工程量，然后套用相应预算定额的各分部分项工程量的定额基价，直接得出各分部分项工程的直接费，汇总得出工程总的直接费,再用工程直接费总和乘以相应的费率得出工程总的间接费、利润及税金,最后汇总得出工程的造价。其工作程序如图1.4所示。

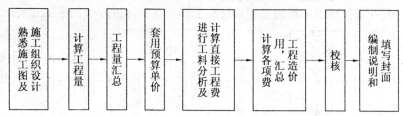

图1.4　单价法计算工程造价工作程序示意图

（2）实物法。

实物法在算出各分部分项工程的工程量后套用相应的分部分项工程的定额消耗量,将各分部分项工程量分解为相应的人工、材料、机械台班的消耗量,然后分别乘以相应的人工、材料、机械的市场单价后相加得出相应分部分项工程的工料机合价（即分部分项工程的直接费）,再将各个分部分项工程的直接费汇总得出工程的总直接费,后面取费与单价法相同。其工作程序如图1.5所示。

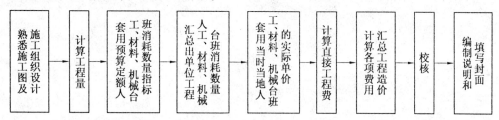

图1.5　实物法计算工程造价工作程序示意图

可以看出单价法和实物法最主要也是最根本的区别在于计算出工程量之后的步骤。各个分部分项工程的工料机的合价计算依据不同,单价法用"定额基价"直接计算,而实物法用"消耗量定额"和"工料机的市场单价"确定各个分部分项工程的工料机合价。无论哪种方法计算,所计算出来的各个分部分项工程的费用都只包括工料机费用,各个分部分项工程的费用没有间接费、利润、税金、措施费及风险费等,也就是在定额计价法中只能计算工程总的间接费、措施费、利润和税金等。此种计价方法使我们无法得出各个分部分项工程的间接费、措施费、利润和税金,因此我们将此种工料单价称为"不完全单价"。

2.工程量清单计价方法

工程量清单计价法（即综合单价法）,是以国家颁布的《建设工程工程量清单计价规范》为依据,首先根据"五统一"（即统一项目名称、计量单位、项目特征、工程量计算规则、项目编码）原则编制出工程量清单;其次由各投标施工企业根据企业实际情况与施工方案,对完成工程量清单中一个规定计量单位项目进行综合报价（其中包括人工费、材料费、企业管理费、机械使用费、利润、风险费用）,最后在市场竞争过程中形成工程造价。工程量清单计价为一种国际上通行的计价方式。

其各个分部分项工程的费用不仅包括工料机的费用,还包括各个分部分项工程的间接费、利润、税金、措施费、风险费等,即在计算各个分部分项工程的工料机费用的同时就开始计算各个分部分项工程的间接费、利润、税金、措施费、风险费等。这样就会形成各个分部分项工程的"完全价格(综合价格)",最后直接汇总所有分部分项工程的"完全价格(综合价格)"便可直接得出工程的工程造价。工程量清单计价方法如图1.6所示。

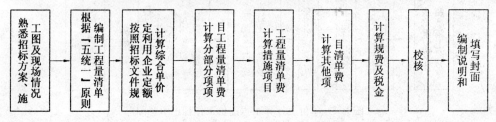

图1.6　工程量清单计价方法示意图

2 建筑工程各项费用的确定

2.1 建筑安装工程费用的构成及计算

建筑安装工程费按照费用构成要素划分,由人工费、材料(包含工程设备,下同)费、施工机具使用费、企业管理费、利润、规费和税金组成。其中人工费、材料费、施工机具使用费、企业管理费和利润包含在分部分项工程费、措施项目费、其他项目费中。

2.1.1 人工费

人工费是指按工资总额构成规定,支付给从事建筑安装工程施工的生产工人和附属生产单位工人的各项费用。

人工费按下式进行计算:

$$人工费 = \sum(工日消耗量 \times 日工资单价) \tag{2.1}$$

$$日工资单价 = \frac{生产工人平均月工资(计时计件) + 平均月(奖金 + 津贴补贴 + 特殊情况下支付的工资)}{年平均每月法定工作日} \tag{2.2}$$

公式(2.1)主要适用于施工企业投标报价时自主确定人工费,也是工程造价管理机构编制计价定额确定定额人工单价或发布人工成本信息的参考依据。

日工资单价是指施工企业平均技术熟练程度的生产工人在每个工作日(国家法定工作时间内)按照规定从事施工作业应得的日工资总额。

人工费内容见表2.1。

表2.1 人工费内容

项目	内容
计时工资	计时工资也称计件工资,是指按计时工资标准和工作时间或对已做工作按计件单价支付给个人的劳动报酬
奖金	奖金是指对超额劳动和增收节支支付给个人的劳动报酬,如节约奖、劳动竞赛奖等
津贴补贴	津贴补贴是指为了补偿职工特殊或额外的劳动消耗和因其他特殊原因支付给个人的津贴,以及为了保证职工工资水平不受物价影响支付给个人的物价补贴,如流动施工津贴、特殊地区施工津贴、高温(寒)作业临时津贴、高空津贴等
加班加点工资	加班加点工资是指按规定支付的在法定节假日工作的加班工资和在法定日工作时间外延时工作的加点工资
特殊情况下支付的工资	特殊情况下支付的工资是指根据国家法律、法规和政策规定,因病、工伤、计划生育假、产假、婚丧假、事假、定期休假、探亲假、停工学习、执行国家或社会义务等原因按计时工资标准或计时工资标准的一定比例支付的工资

2.1.2 材料费

材料费是指施工过程中耗费的原材料、辅助材料、零件、构配件、半成品或成品、工程设备的费用。

材料费按下式计算：

$$材料费 = \sum（材料消耗量 × 材料单价）\tag{2.3}$$

$$材料单价 = \{（材料原价+运杂费）×[1+运输损耗率（\%）]\}×[1+采购保管费率（\%）]\tag{2.4}$$

材料费内容见表2.2。

表2.2 材料费内容

项目	内 容
材料原价	材料原价是指材料、工程设备的出厂价格或商家供应价格
运杂费	运杂费是指材料、工程设备自来源地运至工地仓库或指定堆放地点所发生的全部费用
运输损耗费	运输损耗费是指材料在运输装卸过程中不可避免的损耗
采购及保管费	采购及保管费是指为组织采购、供应和保管材料、工程设备的过程中所需要的各项费用，包括采购费、仓储费、工地保管费、仓储损耗
工程设备	工程设备是指构成或计划构成永久工程一部分的机电设备、金属结构设备、仪器装置及其他类似的设备和装置

2.1.3 施工机具使用费

施工机具使用费指施工作业所发生的施工机械、仪器仪表使用费或其租赁费。

1. 施工机械使用费

施工机械使用费以施工机械台班耗用量乘以施工机械台班单价表示，施工机械台班单价的费用组成见表2.3。

表2.3 施工机械台班单价的费用组成

项目	内 容
折旧费	折旧费是指施工机械在规定的使用年限内，陆续收回其原值的费用
大修理费	大修理费是指施工机械按规定的大修理间隔台班进行必要的大修理，以恢复其正常功能所需的费用
经常修理费	经常修理费是指施工机械除大修理以外的各级保养和临时故障排除所需的费用。包括为保障机械正常运转所需替换设备与随机配备工具附具的摊销和维护费用，机械运转中日常保养所需润滑与擦拭的材料费用及机械停滞期间的维护和保养费用等

续表2.3

项目	内　容
安拆费及场外运费	安拆费及场外运费是指施工机械(大型机械除外)在现场进行安装与拆卸所需的人工、材料、机械和试运转费用以及机械辅助设施的折旧、搭设、拆除等费用;场外运费指施工机械整体或分体自停放地点运至施工现场或由一施工地点运至另一施工地点的运输、装卸、辅助材料及架线等费用
人工费	人工费是指机上司机(司炉)和其他操作人员的人工费
燃料动力	燃料动力是指施费工机械在运转作业中所消耗的各种燃料及水、电等
税费	税费是指施工机械按照国家规定应缴纳的车船使用税、保险费及年检费等

施工机械使用费按下式计算:

$$施工机械使用费 = \sum (施工机械台班消耗量 × 机械台班单价) \quad (2.5)$$

$$\begin{aligned}机械台班单价 &= 台班折旧费+台班大修费+台班经常修理费+台班安拆费及场外运费+\\ &\quad 台班人工费+台班燃料动力费+台班车船税费\end{aligned} \quad (2.6)$$

2. 仪器仪表使用费

仪器仪表使用费是指工程施工所需使用的仪器仪表的摊销及维修费用,按下式计算:

$$仪器仪表使用费 = 工程使用的仪器仪表摊销费+维修费 \quad (2.7)$$

2.1.4　企业管理费

企业管理费是指建筑安装企业组织施工生产和经营管理所需的费用。企业管理费内容见表2.4。

表2.4　企业管理费内容

项目	内　容
管理人员工资	管理人员工资是指按规定支付给管理人员的计时工资、津贴补贴、奖金、加班加点工资及特殊情况下支付的工资等
办公费	办公费是指企业管理办公用的文具、账表、印刷、纸张、邮电、书报、办公软件、现场监控、水电、会议、烧水和集体取暖降温(包括现场临时宿舍取暖降温)等费用
差旅交通费	差旅交通费是指职工因公出差、调动工作的住勤补助费、差旅费、市内交通费和误餐补助费,劳动力招募费,职工探亲路费,职工退休、退职一次性路费,工伤人员就医路费,工地转移费以及管理部门使用的交通工具的油料、燃料等费用
固定资产使用费	固定资产使用费是指管理和试验部门及附属生产单位使用的属于固定资产的房屋、设备、仪器等的折旧、维修、大修或租赁费

续表 2.4

项目	内　　容
工具用具使用费	工具用具使用费是指企业施工生产和管理使用的不属于固定资产的工具、家具、器具、交通工具和检验、试验、测绘、消防用具等的购置、维修和摊销费
劳动保险和职工福利费	劳动保险和职工福利费是指由企业支付的职工退职金、按规定支付给离休干部的经费、集体福利费、冬季取暖补贴、夏季防暑降温、上下班交通补贴等
劳动保护费	劳动保护费是企业按规定发放的劳动保护用品的支出。如工作服、手套、防暑降温饮料以及在有碍身体健康的环境中施工的保健费用等
检验试验费	检验试验费是指施工企业按照有关标准规定,对建筑以及材料、构件和建筑安装物进行一般鉴定、检查时所发生的费用,其中包括自设试验室进行试验所耗用的材料等费用。不包括新结构、新材料的试验费,对构件做破坏性试验及其他特殊要求检验试验的费用和建设单位委托检测机构进行检测的费用,对此类检测发生的费用,由建设单位在工程建设其他费用中列支。但对施工企业提供的具有合格证明的材料进行检测不合格的,该检测费用由施工企业进行支付
工会经费	工会经费是指企业按《工会法》规定的全部职工工资总额比例计提的工会经费
职工教育经费	职工教育经费是指按职工工资总额的规定比例计提,企业为职工进行专业技术和职业技能培训,职工职业技能鉴定、专业技术人员继续教育、职业资格认定以及根据需要对职工进行各类文化教育所发生的费用
财产保险费	财产保险费是指施工管理用财产、车辆等的保险费用
财务费	财务费是指企业为施工生产筹集资金或提供预付款担保、履约担保、职工工资支付担保等所发生的费用
税金	税金是指企业按规定缴纳的房产税、土地使用税、车船使用税、印花税等
其他	其他包括技术转让费、技术开发费、业务招待费、投标费、广告费、绿化费、公证费、法律顾问费、咨询费、审计费、保险费等

企业管理费费率按下列方式计算。

1. 以分部分项工程费为计算基础

$$企业管理费费率(\%) = \frac{生产工人年平均管理费}{年有效施工天数 \times 人工单价} \times 人工费占分部分项工程费比例(\%)$$

$$(2.8)$$

2. 以人工费和机械费合计为计算基础

$$企业管理费费率(\%) = \frac{生产工人年平均管理费}{年有效施工天数 \times (人工单价 + 每一工日机械使用费)} \times 100\%$$

$$(2.9)$$

3. 以人工费为计算基础

$$企业管理费费率(\%) = \frac{生产工人年平均管理费}{年有效施工天数 \times 人工单价} \times 100\% \qquad (2.10)$$

注：上述公式适用于施工企业投标报价时自主确定管理费，是工程造价管理机构编制计价定额确定企业管理费的参考依据。

2.1.5　利润

利润指施工企业完成所承包工程获得的盈利。利润的计算因计算基础的不同而不同。

1. 以直接费为计算基础

$$利润 = (直接费 + 间接费) \times 相应利润率(\%) \qquad (2.11)$$

2. 以人工费和机械费为计算基础

$$利润 = 直接费中的人工费和机械费合计 \times 相应利润率(\%) \qquad (2.12)$$

3. 以人工费为计算基础

$$利润 = 直接费中的人工费合计 \times 相应利润率(\%) \qquad (2.13)$$

2.1.6　规费

规费是指按国家法律、法规规定，由省级政府和省级有关权力部门规定必须缴纳或计取的费用。其中包括以下各项费用。

1. 社会保险费

(1)养老保险费。企业按照规定标准为职工缴纳的基本养老保险费。

(2)失业保险费。企业按照规定标准为职工缴纳的失业保险费。

(3)医疗保险费。企业按照规定标准为职工缴纳的基本医疗保险费。

(4)生育保险费。企业按照规定标准为职工缴纳的生育保险费。

(5)工伤保险费。企业按照规定标准为职工缴纳的工伤保险费。

2. 住房公积金

住房公积金是企业按规定标准为职工缴纳的住房公积金。

3. 工程排污费

工程排污费是企业按规定缴纳的施工现场工程排污费。

4. 其他应列而未列入的规费

其他应列而未列入的规费，按实际发生计取。

5. 规费的计算

规费按下列规定计算：

(1)社会保险费和住房公积金应以定额人工费为计算基础，根据工程所在地省、自治区、直辖市或行业建设主管部门规定费率进行计算。

社会保险费和住房公积金 = ∑(工程定额人工费×社会保险费和住房公积金费率)

$$(2.14)$$

式中,社会保险费和住房公积金费率可以每万元发承包价的生产工人人工费和管理人员工资含量与工程所在地规定的缴纳标准综合分析进行取定。

(2)工程排污费等其他应列而未列入的规费应按照工程所在地环境保护等部门规定的标准缴纳,按实计取列入。

2.1.7 税金

税金是指国家税法规定的应计入建筑安装工程造价内的营业税、城市维护建设税、教育费附加以及地方教育附加。

税金计算公式:

$$税金 = 税前造价×综合税率(\%) \qquad (2.15)$$

综合税率按以下方式计算。

1. 纳税地点在市区的企业

$$综合税率(\%) = \frac{1}{1 - 3\% - (3\% × 7\%) - (3\% × 3\%) - (3\% × 2\%)} - 1$$

$$(2.16)$$

2. 纳税地点在县城、镇的企业

$$综合税率(\%) = \frac{1}{1 - 3\% - (3\% × 5\%) - (3\% × 3\%) - (3\% × 2\%)} - 1$$

$$(2.17)$$

3. 纳税地点不在市区、县城、镇的企业

$$综合税率(\%) = \frac{1}{1 - 3\% - (3\% × 1\%) - (3\% × 3\%) - (3\% × 2\%)} - 1$$

$$(2.18)$$

4. 实行营业税改增值税的企业

实行营业税改增值税的企业,按纳税地点现行税率计算。

2.2 设备及工具、器具购置费构成与计算

2.2.1 设备购置费

设备购置费由设备原价和设备运杂费构成。设备原价是指国产设备或进口设备的原价;设备运杂费是指除设备原价之外关于设备采购、运输、途中包装及仓库保管等方面支出费用的总和。

$$设备购置费 = 设备原价 + 设备运杂费 \qquad (2.19)$$

1. 国产设备原价的构成及计算

国产设备原价一般是指设备制造厂的交货价或订货合同价。通常根据生产厂或供应商的询价、报价、合同价确定,或采用一定的方法计算确定。国产设备原价包括国产标准设备原价和国产非标准设备原价。

(1)国产标准设备原价。

国产标准设备是指按照主管部门颁布的标准图纸及技术要求,由我国设备生产厂批量生产的、符合国家质量检测标准的设备。国产标准设备原价有带有备件的原价和不带备件的原价两种。在计算时,通常采用带有备件的原价。国产标准设备通常有完善的设备交易市场,所以可通过查询相关交易市场价格或向设备生产厂家询价得到国产标准设备原价。

(2)国产非标准设备。

国产非标准设备是指国家尚无定型标准,各设备生产厂无法在工艺过程中采用批量生产,只能按订货要求并根据具体的设计图纸制造的设备。非标准设备因为单件生产、无定型标准,所以无法获取市场交易价格,只能按照其成本构成或者相关技术参数估算其价格。非标准设备原价有多种不同的计算方法,例如成本计算估价法、分部组合估价法、系列设备插入估价法、定额估价法等。无论采用哪种方法都应使非标准设备计价接近实际出厂价,并且计算方法要简单方便。估算非标准设备原价常用的方法是成本计算估价法。按成本计算估价法,非标准设备的原价由以下各项组成:

1)材料费。其计算公式如下:

$$材料费 = 材料净重 \times (1 + 加工损耗系数) \times 每吨材料综合价 \qquad (2.20)$$

2)加工费。加工费包括:生产工人工资和工资附加费、燃料动力费、设备折旧费、车间经费等。其计算公式如下:

$$加工费 = 设备总质量(t) \times 设备每吨加工费 \qquad (2.21)$$

3)辅助材料费(简称辅材费)。辅材费包括:焊条、焊丝、氧气、氮气、氩气、油漆、电石等费用。其计算公式如下:

$$辅助材料费 = 设备总质量 \times 辅助材料费指标 \qquad (2.22)$$

4)专用工具费。专用工具费按1)~3)项之和乘以一定百分比计算。

5)废品损失费。废品损失费按1)~4)项之和乘以一定百分比计算。

6)外购配套件费。外购配套件费按设备设计图纸所列的外购配套件的名称、型号、规格、数量、质量,根据相应的价格加运杂费计算。

7)包装费。包装费按以上1)~6)项之和乘以一定百分比计算。

8)利润。利润按1)~5)项加第7)项之和乘以一定利润率计算。

9)税金。税金主要指增值税,计算公式为:

$$增值税 = 当期销项税额 - 进项税额 \qquad (2.23)$$

$$当期销项税额 = 销售额 \times 适用增值税率(\%) \qquad (2.24)$$

式中,销售额为1)~8)项之和。

10)非标准设备设计费。非标准设备设计费按国家规定的设计费收费标准计算。

综上所述,单台非标准设备原价可用下面的公式表达:

单台非标准设备原价＝{[（材料费+加工费+辅助材料费）×（1+专用工具费率）×

（1+废品损失费率）+外购配套件费]×（1+包装费率）－

外购配套件费}×（1+利润率）+销项税额+

非标准设备设计费+外购配套件费　　　　　　　　（2.25）

2. 进口设备原价的构成及计算

进口设备的原价是指进口设备的抵岸价，一般是由进口设备到岸价（CIF）和进口从属费构成。进口设备的到岸价，即抵达买方边境港口或者边境车站的价格。在国际贸易中，交易双方所使用的交货类别不同，则交易价格的构成内容也有所不同。进口从属费用包括银行财务费、消费税、外贸手续费、进口关税、进口环节增值税等，进口车辆还需缴纳车辆购置税。

（1）进口设备到岸价的构成及计算

进口设备到岸价（CIF）＝离岸价格（FOB）+国际运费+运输保险费＝

运费在内价（CFR）+运输保险费　　　　　　　（2.26）

1）货价。货价是装运港船上交货价（FOB）。设备货价分为原币货价和人民币货价，原币货价一律折算成美元来表示，人民币货价按原币货价乘以外汇市场美元兑换人民币汇率中间价来确定。进口设备货价按有关生产厂商询价、报价、订货合同价计算。

2）国际运费。国际运费是从装运港（站）到达我国目的港（站）的运费。我国进口设备大部分采用海洋运输，小部分采用铁路运输，个别采用航空运输。其中，运费率或单位运价按照有关部门或进出口公司的规定执行。

进口设备国际运费计算公式为：

国际运费（海、陆、空）＝原币货价（FOB）×运费率（%）　　（2.27）

国际运费（海、陆、空）＝单位运价×运量　　　　　（2.28）

3）运输保险费。对外贸易货物运输保险是由保险人（保险公司）与被保险人（出口人或进口人）订立保险契约，在被保险人交付一定的保险费后，保险人根据保险契约的规定对货物在运输过程中发生的承保责任范围内的损失给予经济上的补偿。这是一种财产保险。其中，保险费率按照保险公司规定的进口货物保险费率计算。计算公式为：

$$运输保险费＝\frac{原币货价（FOB）+国外运费}{1-保险费率（%）}×保险费率（%）　（2.29）$$

（2）进口从属费的构成及计算：

进口从属费＝银行财务费+外贸手续费+关税+消费税+

进口环节增值税+车辆购置税　　　　　　　（2.30）

1）银行财务费。银行财务费是在国际贸易结算中，中国银行为进出口商提供金融结算服务所收取的费用，可按下式简化计算：

银行财务费＝离岸价格（FOB）×人民币外汇汇率×银行财务费率（%）　（2.31）

2）外贸手续费。外贸手续费是按对外经济贸易部规定的外贸手续费率计取的费用，外贸手续费率一般取1.5%。计算公式为：

外贸手续费＝到岸价格（CIF）×人民币外汇汇率×外贸手续费率（%）　（2.32）

3）关税。关税是由海关对进出国境或关境的货物和物品征收的一种税。计算公式为：

$$关税=到岸价格(CIF)×人民币外汇汇率×进口关税税率 \qquad (2.33)$$

到岸价格作为关税的计征基数时,通常又可以称为关税完税价格。进口关税税率分为优惠和普通两种。优惠税率适用于和我国签订关税互惠条款的贸易条约或协定的国家的进口设备;普通税率适用于和我国未签订关税互惠条款的贸易条约或协定的国家的进口设备。进口关税税率按照我国海关总署发布的进口关税税率进行计算。

4)消费税。消费税仅对部分进口设备(例如轿车、摩托车等)征收,一般计算公式为:

$$应纳消费税税额=\frac{到岸价格(CIF)×人民币外汇汇率+关税}{1-消费税税率(\%)}×消费税税率(\%)$$

$$(2.34)$$

其中,消费税税率根据规定的税率计算。

5)进口环节增值税。进口环节增值税是对从事进口贸易的单位和个人,在进口商品报关进口后征收的税种。我国增值税条例规定,进口应纳税产品均按组成计税价格和增值税税率直接计算应纳税额。即:

$$进口环节增值税额=组成计税价格×增值税税率(\%) \qquad (2.35)$$
$$组成计税价格=关税完税价格+关税+消费税 \qquad (2.36)$$

增值税税率根据规定的税率计算。

6)车辆购置税。进口车辆需缴进口车辆购置税。其公式如下:

$$进口车辆购置税=(关税完税价格+关税+消费税)×车辆购置税率(\%) \qquad (2.37)$$

3. 设备运杂费的构成及计算

设备运杂费的构成及计算如下:

(1)运费和装卸费。

运费和装卸费是指国产设备由设备制造厂交货地点起至工地仓库(或施工组织设计指定的需要安装设备的堆放地点)止所发生的运费和装卸费;进口设备则由我国到岸港口或边境车站起至工地仓库(或施工组织设计指定的需安装设备的堆放地点)止所发生的运费及装卸费。

(2)包装费。

包装费是指在设备原价中没有包含的,为运输而进行的包装支出的费用。

(3)设备供销部门的手续费。

设备供销部门的手续费按有关部门规定的统一费率进行计算。

(4)采购与仓库保管费。

采购与仓库保管费是指采购、验收、保管和收发设备时所发生的各类费用,包括设备采购人员、保管人员及管理人员的工资、办公费、工资附加费、差旅交通费,设备供应部门办公和仓库所占固定资产使用费、劳动保护费、工具用具使用费、检验试验费等。这些费用可以按照主管部门规定的采购与仓库保管费费率计算。

(5)设备运杂费的计算。

设备运杂费的计算公式为:

$$设备运杂费=设备原价×设备运杂费率(\%) \qquad (2.38)$$

2.2.2　工具、器具及生产家具购置费

工具、器具及生产家具购置费通常以设备购置费为计算基数,按照部门或行业规定的工具、器具及生产家具费率计算。其计算公式为:

$$工具、器具及生产家具购置费 = 设备购置费 × 定额费率(\%) \qquad (2.39)$$

2.3　工程建设其他费用构成与计算

2.3.1　固定资产其他费用

固定资产其他费用是固定资产费用的一部分。固定资产费用是项目在投产时将直接形成固定资产的建设投资,包括工程费用以及在工程建设其他费用中按规定将形成固定资产的费用,后者被称之为固定资产其他费用。

1.建设管理费

建设管理费是建设单位从项目筹建开始直至工程竣工验收合格或交付使用为止所发生的项目建设管理费用。

(1)建设管理费的内容。

1)建设单位管理费。建设单位管理费是指建设单位发生的管理性质开支。其中包括:工作人员工资、工资性补贴、施工现场津贴、职工福利费、基本医疗保险费、基本养老保险费、住房基金、工伤保险费、失业保险费、办公费、差旅交通费、工具用具使用费、劳动保护费、固定资产使用费、必要的办公及生活用品购置费、必要的通信设备及交通工具购置费、零星固定资产购置费、技术图书资料费、招募生产工人费、业务招待费、工程招标费、设计审查费、合同契约公证费、咨询费、完工清理费、竣工验收费、法律顾问费、印花税和其他管理性质开支。

2)工程监理费。工程监理费是建设单位委托工程监理单位实施工程监理的费用。此项费用按有关规定计算。依法必须实行监理的建设工程施工阶段的监理收费实行政府指导价;其他建设工程施工阶段的监理收费和其他阶段的监理与相关服务收费实行市场调节价。

(2)建设单位管理费的计算。

建设单位管理费按照工程费用之和(包括设备工器具购置费和建筑安装工程费用)乘以建设单位管理费费率计算。

$$建设单位管理费 = 工程费用 × 建设单位管理费费率 \qquad (2.40)$$

建设单位管理费费率按照建设项目的不同性质、不同规模来确定。有的建设项目按照建设工期和规定的金额计算建设单位管理费。例如采用监理,建设单位部分管理工作量可转移至监理单位。监理费应该根据委托的监理工作范围及监理深度在监理合同中商定或是按当地或所属行业部门有关规定计算;如建设单位采用工程总承包方式,其总包管理费由建设单位与总包单位根据总包工作范围在合同中商定,从建设管理费中支出。

2. 建设用地费

建设项目需固定在一定地点与地面相连接,必须占用一定量的土地,也就必然会发生为获得建设用地而支付的费用,即土地使用费。它是指通过划拨的方式取得土地使用权而支付的土地征用及迁移补偿费,或者通过土地使用权出让方式取得土地使用权而支付的土地使用权出让金。

(1)土地征用及迁移补偿费。

土地征用及迁移补偿费是指建设项目通过划拨方式取得无限期的土地使用权,依照《中华人民共和国土地管理法》等规定所支付的费用。其总和一般不得超过被征土地年产值的30倍,土地年产值则按该地被征用前三年的平均产量和国家规定的价格计算。

其内容包括:土地补偿费,青苗补偿费和被征用土地上的水井、房屋、树木等附着物补偿费,安置补助费,缴纳的耕地占用税或城镇土地使用税、征地管理费和土地登记费,征地动迁费,水利水电工程水库淹没处理补偿费。

(2)土地使用权出让金。

土地使用权出让金是指建设项目通过土地使用权出让方式,取得有限期的土地使用权,依照《中华人民共和国城镇国有土地使用权出让和转让暂行条例》规定支付的土地使用权出让金。

1)明确国家是城市土地的唯一所有者,并分层次、有偿、有限期地出让、转让城市的土地。第一层次是城市政府将国有土地使用权出让给用地者,该层次是由城市政府垄断性经营。出让对象可以是有法人资格的企事业单位,也可以是外商。第二层次及以下层次的转让则发生在使用者之间。

2)城市土地的出让和转让可采用招标、协议、公开拍卖等方式。

3)在有偿出让和转让土地时,政府对地价不作统一规定,但应坚持地价对目前的投资环境不产生大的影响;地价与当地的社会经济承受能力相适应;地价要考虑已投入的土地开发费用、土地市场供求关系、土地用途和使用年限等原则。

4)关于政府有偿出让土地使用权的年限,各地可根据时间、区位等各种条件作不同的规定。根据《中华人民共和国城镇国有土地使用权出让和转让暂行条例》,土地使用权出让最高年限按以下用途确定:

①居住用地70年;

②工业用地50年;

③科技、教育、文化、卫生、体育用地50年;

④旅游、商业、娱乐用地40年;

⑤综合或者其他用地50年。

5)土地有偿出让和转让,土地使用者和所有者都需签约,明确使用者对土地享有的权利和对土地所有者应承担的义务。

①有偿出让和转让使用权,但要向土地受让者征收契税。

②转让土地如果有增值,要向转让者征收土地增值税。

③在土地转让期间,国家要根据不同地段、不同用途向土地使用者收取土地占用费。

3. 可行性研究费

可行性研究费是在建设项目前期工作中,编制和评估项目建议书(或预可行性研究报告)、可行性研究报告所需的费用。此项费用应根据前期研究委托合同,或参照有关规定进行计算。

4. 研究试验费

研究试验费是为建设项目提供和验证设计参数、数据、资料等所进行的必要的试验费用,以及设计规定在施工过程中必须进行试验、验证所需的费用。其中包括自行或委托其他部门研究试验所需要人工费、材料费、试验设备及仪器使用费等。此项费用按照设计单位依据本工程项目的需要提出的研究试验内容和要求计算。

5. 勘察设计费

勘察设计费是委托勘察设计单位进行工程水文地质勘察、工程设计所发生的各项费用。其中包括:初步设计费(基础设计费)、施工图设计费(详细设计费)、设计模型制作费、工程勘察费。此项费用应按照有关规定计算。

6. 环境影响评价费

环境影响评价费是指依照《中华人民共和国环境影响评价法》、《中华人民共和国环境保护法》等规定,为全面、详细评价本建设项目对环境可能产生的污染或造成的重大影响所需要的费用。其中包括:编制环境影响报告书(含大纲)、环境影响报告表以及对环境影响报告书(含大纲)、环境影响报告表进行评估等所需要的费用。此项费用可参照有关规定计算。

7. 场地准备及临时设施费

建设项目场地准备费是指建设项目为达到工程开工条件进行的场地平整和对建设场地余留的有碍于施工建设的设施进行拆除清理的费用。建设单位临时设施费是为了满足施工建设需要而供到场地界区的、未列入工程费用的临时水、电、路、气、通信等其他工程费用和建设单位的现场临时建(构)筑物的搭设、维修、摊销、拆除或建设期间的租赁费用,以及施工期间专用公路或桥梁的加固、养护、维修等费用。

场地准备及临时设施费的相关计算内容如下:

(1)场地准备和临时设施应尽量与永久性工程统一考虑。建设场地的大型土石方工程应计入工程费用中的总图运输费用中。

(2)新建项目的场地准备和临时设施费应依据实际的工程量进行估算,或按工程费用的比例进行计算。改扩建项目通常只计拆除清理费。

$$场地准备和临时设施费 = 工程费用 \times 费率 + 拆除清理费 \tag{2.41}$$

(3)在发生拆除清理费时可按新建同类工程造价或主材费、设备费的比例进行计算。凡可回收材料的拆除工程采用以料抵工方式冲抵拆除清理费。

(4)该项费用不包括已列入建筑安装工程费用中的施工单位临时设施费用。

8. 引进技术和引进设备其他费

(1)引进项目图纸资料翻译复制费、备品备件测绘费。

引进项目图纸资料翻译复制费、备品备件测绘费可以根据引进项目的具体情况计列或按引进货价(FOB)的比例估列;引进项目发生备品备件测绘费时按具体情况估列。

(2)银行担保及承诺费。

银行担保及承诺费是引进项目由国内外金融机构出面承担风险和责任担保所发生的费用,以及支付贷款机构的承诺费用。应按担保或承诺协议计取。投资估算和概算在编制时可以担保金额或承诺金额为基数乘以费率计算。

(3)出国人员费用。

出国人员费用包括:买方人员出国设计联络、联合设计、出国考察、培训等所发生的旅费、生活费等。根据合同或协议规定的出国人次、期限以及相应的费用标准进行计算。生活费按照财政部、外交部规定的现行标准进行计算,旅费按中国民航公布的票价进行计算。

(4)来华人员费用。

来华人员费用包括:卖方来华工程技术人员的现场办公费用、往返现场交通费用、接待费用等。根据引进合同或协议有关条款及来华技术人员派遣计划进行计算。来华人员接待费用可按每人次费用指标计算。引进合同价款中已包括的费用内容不得重复计算。

9. 工程保险费

工程保险费是指建设项目在建设期间根据需要对建筑工程、安装工程、机器设备和人身安全进行投保而发生的保险费用。包括:建筑安装工程一切险、引进设备财产保险和人身意外伤害险等。

根据不同的工程类别,分别以其建筑、安装工程费乘以建筑、安装工程保险费率计算。民用建筑(例如住宅楼、综合性大楼、医院、旅馆、学校)占建筑工程费的0.2%~0.4%;其他建筑(例如工业厂房、仓库、码头、水坝、道路、桥梁、隧道、管道等)占建筑工程费的0.3%~0.6%;安装工程(例如机械、工业、农业、电器、电子、纺织、石油、矿山、化学及钢铁工业、钢结构桥梁等)占建筑工程费的0.3%~0.6%。

10. 联合试运转费

联合试运转费是新建项目或新增加生产能力的工程,在交付生产前按批准的设计文件所规定的工程质量标准和技术要求,进行整个生产线或装置的负荷联合试运转或局部联动试车所发生的费用净支出(试运转支出大于收入的差额部分费用)。

试运转支出包括:试运转所需原材料、低值易耗品、燃料及动力消耗、其他物料消耗、机械使用费、工具用具使用费、保险金、施工单位参加试运转人员工资,以及专家的指导费等;试运转收入包括试运转期间的产品销售收入及其他收入。联合试运转费不包括应由设备安装工程费用开支的调试及试车费用,以及在试运转中暴露出来的因施工原因或设备缺陷等发生的处理费用。

11. 特殊设备安全监督检验费

特殊设备安全监督检验费是在施工现场组装的锅炉及压力容器、压力管道、消防设备、燃气设备、电梯等特殊设备和设施,由安全监察部门按照有关安全监察条例和实施细则以及设计技术要求进行安全检验,应由建设项目支付的、向安全监察部门缴纳的费用。

该项费用按照建设项目所在的省(自治区、直辖市)安全监察部门的规定标准进行计算。没有具体规定的,在编制投资估算和概算时可按受检设备现场安装费的比例进行估算。

12. 市政公用设施费

市政公用设施费是使用市政公用设施的建设项目,按照项目所在地省一级人民政府有关规定建设或缴纳的市政公用设施建设配套费用,以及绿化工程的补偿费用。该项费用按工程所在地人民政府规定标准计列。

2.3.2　无形资产费用

无形资产费用主要是指专利及专有技术使用费,是直接形成无形资产的建设投资。

专利及专有技术使用费的主要内容包括:国内有效专利、专有技术使用费;国外设计和技术资料费,引进有效专利、专有技术使用费和技术保密费;商标权、商誉和特许经营权费用等。

2.3.3　其他资产费用

其他资产费用是建设投资中除形成固定资产和无形资产以外的部分,主要包括生产准备及开办费等。

生产准备及开办费是建设项目为确保正常生产(或营业、使用)而发生的提前进厂费、人员培训费以及投产使用必备的生产办公、生活家具用具及工器具等购置费用,其主要包括以下内容。

1. 人员培训费及提前进厂费

人员培训费及提前进厂费包括自行组织培训或委托其他单位培训的人员工资、工资性补贴、职工福利费、劳动保护费、差旅交通费、学习资料费等。

2. 购置费

(1)为确保初期正常生产(或营业、使用)所必需的生产办公、生活家具用具购置费。

(2)为确保初期正常生产(或营业、使用)必需的第一套不够固定资产标准的生产工具、器具、用具购置费。不包括备品备件费。

生产准备及开办费的相关计算内容如下:

1)新建项目按设计定员为基数计算,改扩建项目按新增设计定员为基数进行计算:

$$生产准备费 = 设计定员 \times 生产准备费指标(元/人) \tag{2.42}$$

2)可采用综合的生产准备费指标进行计算,也可以按照费用内容的分类指标进行计算。

2.4　预备费构成与计算

2.4.1　基本预备费

1.基本预备费的构成

基本预备费是针对在项目实施过程中可能发生难以预料的支出,需要事先预留的费用,又称工程建设不可预见费。主要指在设计变更及施工过程中可能增加工程量的费用。基本预备费通常由以下三个部分构成:

(1)在批准的初步设计范围内,技术设计、施工图设计及施工过程中所增加的工程费用;设计变更、工程变更、材料代用、局部地基处理等增加的费用。

(2)一般自然灾害所造成的损失和预防自然灾害所采取的措施费用。实行工程保险的工程项目,该费用应适当降低。

(3)在竣工验收时为鉴定工程质量对隐蔽工程进行必要的挖掘和修复费用。

2.基本预备费的计算

基本预备费=(工程费用+工程建设其他费用)×基本预备费费率(%)　　(2.43)

基本预备费费率的取值应执行国家及有关部门的规定。

2.4.2　涨价预备费

1.涨价预备费的构成

涨价预备费是针对建设项目在建设期间内由于人工、设备、材料等价格可能发生变化引起工程造价变化,而事先预留的费用,又可以称之为价格变动不可预见费。涨价预备费的内容包括:人工、设备、材料、施工机械的价差费,建筑安装工程费及工程建设其他费用调整,利率、汇率调整等增加的费用。

2.涨价预备费的测算方法

涨价预备费通常根据国家规定的投资综合价格指数,以估算年份价格水平的投资额为基数,采用复利方法进行计算。计算公式如下:

$$PF = \sum_{t=1}^{n} I_t [(1+f)^m (1+f)^{0.5} (1+f)^{t-1} - 1] \qquad (2.44)$$

式中　PF——涨价预备费;

　　　　n——建设期年份数;

　　　　I_t——建设期中第 t 年的投资计划额,包括工程费用、工程建设其他费用及基本预备费,即第 t 年的静态投资;

　　　　f——年均投资价格上涨率;

　　　　m——建设前期年限(从编制估算到开工建设,单位:年)。

【例2.1】　某建设项目初期静态投资为20 000万元,建设期为3年,各年投资计划额如下:第一年7 000万元,第二年10 000万元,第三年3 000万元,年均投资价格上涨率为

6%,求建设项目建设期间涨价预备费。

【解】　第一年涨价预备费为:

$$PF_1/ 万元 = I_1[(1+f)(1+f)^{0.5}-1] = 7\,000 \times (1.06^{1.5}-1) = 639.36$$

第二年涨价预备费为:

$$PF_2/ 万元 = I_2[(1+f)(1+f)^{0.5}(1+f)-1] = 10\,000 \times (1.06^{2.5}-1) = 1\,568.17$$

第三年涨价预备费为:

$$PF_3/ 万元 = I_3[(1+f)(1+f)^{0.5}(1+f)^2-1] = 3\,000 \times (1.06^{3.5}-1) = 678.68$$

所以,建设期的涨价预备费为:

$$PF/ 万元 = 639.36 + 1\,568.17 + 678.68 = 2\,886.21$$

2.5　建设期贷款利息计算

如果总贷款是按年均衡发放,建设期利息的计算可按当年借款在年中支用考虑,即当年贷款按半年计息,上年贷款按全年计息。计算公式为:

$$q_j = \left(P_{j-1} + \frac{1}{2}A_j\right) \times i \tag{2.45}$$

式中　q_j—— 建设期第 j 年应计利息;

　　　P_{j-1}—— 建设期第 $(j-1)$ 年末累计贷款本金与利息之和;

　　　A_j—— 建设期第 j 年贷款金额;

　　　i—— 年利率。

在国外贷款利息的计算中,还应包括国外贷款银行根据贷款协议向贷款方以年利率的方式所收取的手续费、管理费、承诺费;以及国内代理机构经国家主管部门批准的以年利率的方式向贷款单位所收取的转贷费、担保费、管理费等。

【例2.2】　某建设期为3年的项目,分年均衡进行贷款,第一年贷款240万元,第二年贷款560万元,第三年贷款350万元,年利率为12%,建设期内利息只计息不支付,计算建设期利息。

【解】　在建设期,各年利息计算如下:

$$q_1/ 万元 = \frac{1}{2}A_1 \times i = \frac{1}{2} \times 240 \times 12\% = 14.4$$

$$q_2/ 万元 = \left(p_1 + \frac{1}{2}A_2\right) \times i = \left(240 + 14.4 + \frac{1}{2} \times 560\right) \times 12\% = 64.13$$

$$q_3/ 万元 = \left(P_2 + \frac{1}{2}A_3\right) \times i = \left(240 + 14.4 + 64.13 + \frac{1}{2} \times 350\right) \times 12\% = 59.22$$

建设期利息:$(q_1 + q_2 + q_3)/ 万元 = 14.4 + 64.13 + 59.22 = 137.75$

3 建筑工程定额

3.1 建筑工程施工定额

3.1.1 劳动定额

1. 劳动定额的概念

劳动定额即人工定额,是建筑安装工人在正常的施工(生产)条件下、在一定的生产技术和生产组织条件下、在平均先进水平的基础上制定的。它表明每个建筑安装工人生产单位合格产品所必须消耗的劳动时间,或在单位时间所生产的合格产品的数量。

劳动定额根据其表现形式不同,可分为时间定额和产量定额。一般采用复式形式表示,其分子为时间定额,分母为产量定额。

(1)时间定额

时间定额是指在一定的生产技术和生产组织条件下,某工种、某种技术等级的工人班组或个人,完成单位合格产品所必须消耗的工作时间。定额时间包括工人的有效工作时间(准备与结束时间、基本工作时间、辅助工作时间)、不可避免的中断时间和休息时间。

时间定额以工日为单位,每个工日工作时间按现行制度规定为 8 h,其计算方法如下:

$$单位产品时间定额(工日) = \frac{1}{每工日产量} \tag{3.1}$$

或

$$单位产品时间定额(工日) = \frac{小组成员工日数总和}{小组的台班产量} \tag{3.2}$$

(2)产量定额

产量定额是指在一定的生产技术和生产组织条件下,某一种、某种技术等级的工人班组或个人,在单位时间内(工日)应完成合格产品的数量。其计算方法如下:

$$每日产量 = \frac{1}{单位产品时间定额(工日)} \tag{3.3}$$

或

$$台班产量 = \frac{小组成员工日数总和}{单位产品时间定额(工日)} \tag{3.4}$$

时间定额与产量定额互为倒数,即:

$$时间定额 \times 产量定额 = 1 \tag{3.5}$$

$$时间定额 = \frac{1}{产量定额} \tag{3.6}$$

$$产量定额 = \frac{1}{时间定额} \tag{3.7}$$

劳动定额又分为综合定额和单项定额。综合定额是指完成同一产品中的各单项(工序)定额的综合。综合定额的时间定额由各单项时间定额相加而成。综合定额的产量定额为综合时间定额的倒数。其计算方法如下:

$$综合产量定额 = \frac{1}{综合时间定额(日)} \tag{3.8}$$

2. 劳动定额的作用

劳动定额的作用主要表现在组织生产和按劳分配两个方面。在一般情况下,两者是相辅相成的,即生产决定分配,分配促进生产。当前对企业基层推行的各种形式的经济责任制的分配形式,都是以劳动定额作为核算基础的。

3. 劳动定额的编制

(1)分析基础资料,拟定编制方案

1)影响工时消耗因素的确定。

①组织因素。组织因素包括:操作方法和施工的管理与组织;人员组成和分工;工作地点的组织;工资与奖励制度;原材料和构配件的质量及供应的组织;气候条件等。

②技术因素。技术因素包括:完成产品的类别;机械和机具的种类、型号和尺寸;材料、构配件的种类和型号等级;产品质量等。

2)计时观察资料的整理。对每次计时观察的资料进行整理之后,要对整个施工过程的观察资料进行系统的分析、研究和整理。整理观察资料的方法大多采用平均修正法。它是一种在对测时数列进行修正的基础上,求出平均值的方法。修正测时数列,即剔除或修正那些偏高、偏低的可疑数值。目的是保证不受那些偶然性因素的影响。

当测时数列受到产品数量的影响时,采用加权平均值则是比较适当的。采用加权平均值可在计算单位产品工时消耗时,考虑到每次观察中产品数量变化的影响,进而使我们也能获得可靠的值。

3)日常积累资料的整理和分析。日常积累的资料主要有 4 类:

①现行定额的执行情况及存在问题的资料。

②企业和现场补充定额资料,例如因现行定额漏项而编制的补充定额资料,由于解决采用新技术、新结构、新材料和新机械而产生的定额缺项所编制的补充定额资料。

③已采用的新工艺和新的操作方法的资料。

④现行的施工技术规范、操作规程、安全规程和质量标准等。

4)拟定定额的编制方案。拟定定额编制方案的内容包括:

①拟定定额分章、分节、分项的目录;

②提出对拟编定额的定额水平总的设想;

③选择产品和人工、材料、机械的计量单位;

④设计定额表格的形式和内容。

(2)确定正常的施工条件。

1)拟定工作地点的组织。拟定工作地点的组织,应特别注意使人在操作时不受妨碍,所使用的工具和材料应按使用顺序放置于工人最便于取用的地方,以减少疲劳和提高工作效率,工作地点应保持清洁和秩序井然。

2)拟定工作组成。拟定工作组成是将工作过程按照劳动分工的可能划分为若干工序,以达到合理使用技术工人。可采用两种基本方法。

①一种是把工作过程中简单的工序,划分给技术熟练程度较低的工人去完成;

②一种是分出若干个技术程度较低的工人,去帮助技术程度较高的工人工作。

采用后一种方法就是把个人完成的工作过程,变成小组完成的工作过程。

3)拟定施工人员编制。拟定施工人员编制即确定小组人数、技术工人的配备,以及劳动的分工和协作。原则是使每个工人都能充分发挥作用,均衡地担负工作。

(3)确定劳动定额消耗量的方法。

时间定额是在拟定基本工作时间、辅助工作时间、不可避免中断时间、准备与结束的工作时间及休息时间的基础上制定的。

1)拟定基本工作时间。基本工作时间在必需消耗的工作时间中占的比重最大。在确定基本工作时间时,必须细致、精确。基本工作时间消耗一般应根据计时观察资料来确定。其做法是首先确定工作过程每一组成部分的工时消耗,然后再综合出工作过程的工时消耗。如果组成部分的产品计量单位和工作过程的产品计量单位不符,就需先求出不同计量单位的换算系数,进行产品计量单位的换算,然后再相加,求得工作过程的工时消耗。

2)拟定辅助工作时间和准备与结束工作时间。辅助工作和准备与结束工作时间的确定方法与基本工作时间相同。但若这两项工作时间在整个工作班工作时间消耗中所占比重不超过 5% ~6% ,则可归纳为一项,以工作过程的计量单位表示,确定出工作过程的工时消耗。

如果在计时观察时不能取得足够的资料,也可采用工时规范或经验数据来确定。如果具有现行的工时规范,可以直接利用工时规范中规定的辅助和准备与结束工作时间的百分比来计算。

3)拟定不可避免的中断时间。在确定不可避免的中断时间的定额时,必须注意由工艺特点所引起的不可避免的中断才可列入工作过程的时间定额。不可避免中断时间也需要根据测时资料通过整理分析获得,也可以根据经验数据或工时规范,以占工作日的百分比表示此项工时消耗的时间定额。

4)拟定休息时间。休息时间应根据工作班作息制度、经验资料、计时观察资料,以及对工作的疲劳程度进行全面分析进而确定。同时,应考虑尽可能利用不可避免的中断时间作为休息时间。

从事不同工作的工人,疲劳程度有很大差别。为了合理确定休息时间,往往要对从事各种工作的工人进行观察、测定,进行生理和心理方面的测试,以便确定其疲劳程度。国内外往往按工作轻重和工作条件好坏,将各种工作划分为不同的级别。例如我国某地区工时规范将体力劳动分为六类,见表 3.1。

表 3.1　某地区的休息时间占工作日的比重

疲劳程度	轻便	较轻	中等	较重	沉重	最沉重
等级	1	2	3	4	5	6
占工作日比重/%	4.16	6.25	8.33	11.45	16.7	22.9

划分出疲劳程度的等级,就可以合理规定休息需要的时间。

5)拟定定额时间。确定的基本工作时间、辅助工作时间、准备与结束工作时间、不可避免中断时间和休息时间之和,就是劳动定额的时间定额。根据时间定额可计算出产量定额,时间定额和产量定额互成倒数。利用工时规范,可以计算劳动定额的时间定额。计算公式为:

$$作业时间 = 基本工作时间 + 辅助工作时间 \tag{3.9}$$

$$规范时间 = 准备与结束工作时间 + 不可避免的中断时间 + 休息时间 \tag{3.10}$$

$$工序作业时间 = 基本工作时间 + 辅助工作时间 = 基本工作时间/[1-辅助时间(\%)] \tag{3.11}$$

$$定额时间 = \frac{作业时间}{1-规范时间(\%)} \tag{3.12}$$

3.1.2　材料消耗定额

1. 材料消耗定额的概念

材料消耗定额是在正常的施工(生产)条件下,在节约和合理使用材料的前提下,生产单位合格产品所必须消耗的一定品种、半成品、规格的材料、配件等的数量标准。

材料消耗定额是编制材料需要量计划、供应计划、运输计划、计算仓库面积、签发限额领料单和经济核算的根据。制定合理的材料消耗定额,是组织材料的正常供应,保证生产顺利进行,以及合理利用资源,减少积压、避免浪费的必要前提。

2. 施工中材料消耗的组成

施工过程中材料的消耗,可分为必需消耗的材料和损失的材料两类性质。

必须消耗的材料属于施工正常消耗,是确定材料消耗定额的基本数据。其中包括:直接用于建筑和安装工程的材料,编制材料净用量定额;不可避免的施工废料和材料损耗,编制材料损耗定额。

材料各种类型的损耗量之和称为材料损耗量,除去损耗量之后净用于工程实体上的数量称之为材料净用量,材料净用量与材料损耗量之和称为材料总消耗量,损耗量与总消耗量之比称为材料损耗率,总消耗量亦可用下式计算,即

$$总消耗量 = \frac{净用量}{1-损耗率} \tag{3.13}$$

为了简便,通常将损耗量与净用量之比,作为损耗率,即

$$损耗率 = \frac{损耗量}{净用量} \times 100\% \tag{3.14}$$

$$总消耗量=净用量×(1+损耗率) \tag{3.15}$$

3. 材料消耗定额的编制

(1)主要材料消耗定额的制定方法。

材料消耗定额的制定方法包括:观测法、试验法、统计法和理论计算法。

1)观测法。

观测法(即现场测定法),是在合理使用材料的条件下,在施工现场按一定程序对完成合格产品的材料耗用量进行测定,通过分析、整理,最后得出一定的施工过程单位产品的材料消耗定额。

观测法的首要任务是选择典型的工程项目,其施工技术、组织及产品质量,均应符合技术规范的要求;材料的品种、型号、质量也应符合设计要求;产品检验合格,操作工人能合理使用材料和保证产品质量。

利用观测法主要是编制材料损耗定额,也可以提供编制材料净用量定额的数据。其优点是能通过现场观察、测定,取得产品产量和材料消耗的情况,为编制材料定额提供技术根据。

观测法是在现场实际施工中进行的。在观测前应充分做好准备工作,例如选用标准的运输工具和衡量工具,采取减少材料损耗措施等。观测的结果,要取得材料消耗的数量和产品数量的数据资料。

观测法的优点是真实可靠,可以发现一些问题,也可以消除一部分消耗材料不合理的浪费因素。但是,用这种方法制定材料消耗定额,由于受到一定的生产技术条件和观测人员的水平等限制,仍然无法将所消耗材料不合理的因素全部揭露出来。同时,也有可能把生产和管理工作中的某些与消耗材料有关的缺点保存下来。因此,对观测取得的数据资料应进行分析研究,区分哪些是合理的,哪些是不合理的,哪些是不可避免的,以制定出在一般情况下均可以达到的材料消耗定额。

2)试验法。

试验法是在材料试验室中进行试验和测定数据。例如,以各种原材料为变量因素,求得不同强度等级混凝土的配合比,进而计算出每立方米混凝土的各种材料耗用量。

利用试验法,主要是编制材料净用量定额。通过试验可以对材料的结构、化学成分和物理性能及按强度等级控制的混凝土、砂浆配比作出科学的结论,为编制材料消耗定额提供有技术根据、比较精确的计算数据。但是,试验法不能取得在施工现场实际条件下,由于各种客观因素对材料耗用量影响的实际数据。

试验室试验必须符合国家有关标准规范,计量要使用标准容器和称量设备,质量要符合施工与验收规范的要求,以保证获得可靠的定额编制依据。

3)统计法。

统计法是通过对现场进料、用料的大量统计资料进行分析计算,获得材料消耗的数据。该方法由于无法分清材料消耗的性质,因此不可以作为确定材料净用量定额和材料损耗定额的精确依据。

对积累的各分部分项工程结算的产品所耗用材料的统计分析,是根据各分部分项工程拨付材料数量、剩余材料数量及总共完成产品数量来进行计算的。采用统计法,必须要保证统计与测算的耗用材料和相应产品一致。在施工现场中的某些材料,往往难以区分用在各个不同部位上的准确数量。因此,要有意识地加以区分,才能得到有效的统计数据。

用统计法制定材料消耗定额一般采取以下两种方法。

①统计法。统计法是对某一确定的单位工程拨付一定的材料,待工程完工后,根据已完产品数量和领退材料的数量,进行统计和计算的一种方法。该方法的优点是无需专门人员测定和实验。由统计所得到的定额有一定的参考价值,但其准确程度较差,应对其分析研究后才能采用。

②经验估算法。经验估算法是指以有关人员的经验或以往同类产品的材料实耗统计资料为依据,通过研究分析并考虑有关影响因素的基础上制定材料消耗定额的方法。

4)理论计算法。

理论计算法是材料消耗定额制定方法中较为先进的方法。它是根据施工图,运用一定的数学公式,直接计算材料耗用量。理论计算法只能计算出单位产品的材料净用量,材料的损耗量仍要在现场通过实测取得。采用此种方法必须对工程结构、图纸要求、施工及验收规范、材料特性和规格、施工方法等先进行了解和研究。理论计算法适宜于不易产生损耗,且容易确定废料的材料,例如木材、砖瓦、钢材、预制构件等材料。因为这些材料根据施工图纸和技术资料从理论上都可以计算出来,因此也有一定的规律可找。用该方法制定材料消耗定额,要求掌握一定的技术资料和各方面的知识,以及较丰富的现场施工经验。

(2)周转性材料消耗量的确定。

周转性材料消耗量的确定是指在编制材料消耗定额时,某些工序定额、单项定额和综合定额中涉及的周转材料的确定和计算。例如劳动定额中的架子工程、模板工程等。

周转性材料在施工过程中不属于通常的一次性消耗材料,而是可多次周转使用,经过修理、补充才逐渐消耗尽的材料。例如模板、钢板桩及脚手架等,实际上它也是作为一种施工工具和措施。在编制材料消耗定额时,应按多次使用、分次摊销的方式进行确定。周转性材料消耗的定额量是每使用一次摊销的数量,其计算必须考虑一次使用量、周转使用量、回收价值和摊销量之间的关系。

3.1.3　机械台班使用定额

1. 机械台班使用定额的概念

机械台班使用定额是基于正常施工条件下,合理的劳动组织和使用机械,完成单位合格产品或某项工作所必需的机械工作时间,包括准备与结束时间、基本工作时间、辅助工作时间、不可避免的中断时间及使用机械的工人生理需要与休息时间。

2. 机械台班使用定额的表现形式

机械台班使用定额按其表现形式不同,可分为机械时间定额和机械产量定额。

(1)机械时间定额。

机械时间定额是指在合理劳动组织与合理使用机械条件下,完成单位合格产品所必需的工作时间,包括有效的工作时间(正常负荷下的工作时间和降低负荷下的工作时间)、不可避免的中断时间、不可避免的无负荷工作时间。机械时间定额以"台班"表示,即一台机械工作一个作业班时间,一个作业班时间为 8 h。

$$单位产品机械时间定额/台班 = \frac{1}{台班产量} \tag{3.16}$$

由于机械必须由工人小组配合,所以计算完成单位合格产品的时间定额,同时列出人工时间定额,即

$$单位产品人工时间定额/工日 = \frac{小组成员总人数}{台班产量} \tag{3.17}$$

(2)机械产量定额。

机械产量定额是指在合理劳动组织与合理使用机械条件下,机械在每个台班时间内应完成合格产品的数量。机械时间定额和机械产量定额互为倒数关系。

复式表示法:

$$\frac{人工时间定额}{机械台班产量} \quad 或 \quad \frac{人工时间定额}{机械台班产量}\bigg|台班车次 \tag{3.18}$$

3. 机械台班使用定额的编制

(1)拟定正常的施工条件。

拟定机械工作正常条件,主要是拟定工作地点的合理组织和合理的工人编制。

1)工作地点的合理组织。工作地点的合理组织是对施工地点机械和材料的放置位置、工人从事操作的场所,做出科学合理的平面布置和空间安排。它要求施工机械和操纵机械的工人在最小范围内移动,但又不阻碍机械运转和工人操作;应使机械的开关和操纵装置尽可能集中地装置在操纵工人的近旁,以节省工作时间和减轻劳动强度;应最大限度发挥机械的效能,减少工人的手工操作。

2)拟定合理的工人编制。拟定合理的工人编制是根据施工机械的性能和设计能力,工人的专业分工和劳动工效,合理确定操纵机械的工人和直接参加机械化施工过程的工人的编制人数。它要求应保持机械的正常生产率和工人正常的劳动工效。

(2)确定机械1 h 纯工作正常生产率。

在确定机械正常生产率时,必须首先确定出机械纯工作1 h 的正常生产率。

机械纯工作时间是机械的必需消耗时间。机械1 h 纯工作正常生产率,是在正常施工组织条件下,具有必需的知识和技能的技术工人操纵机械1 h 的生产率。

根据机械工作特点的不同,机械1 h 纯工作正常生产率的确定方法也有所不同。对于循环动作机械,确定机械纯工作1 h 正常生产率的计算公式如下:

$$\begin{array}{c}机械一次循环的\\正常延续时间\end{array} = \sum\left(\begin{array}{c}循环各组成部分\\正常延续时间\end{array}\right) - 交叠时间 \tag{3.19}$$

$$\begin{array}{c}机械纯工作1\ h\\循环次数\end{array} = \frac{60\times60(\text{s})}{一次循环的正常延续时间} \tag{3.20}$$

$$\text{机械纯工作 1 h} \atop \text{正常生产率} = \left(\text{机械纯工作 1 h} \atop \text{正常循环次数}\right) \times \left(\text{一次循环生产} \atop \text{的产品数量}\right) \tag{3.21}$$

对于连续动作机械,确定机械纯工作 1 h 正常生产率要根据机械的类型和结构特征,以及工作过程的特点进行。计算公式如下:

$$\text{连续动作机械纯工作 1 h 正常生产率} = \frac{\text{工作时间内生产的产品数量}}{\text{工作时间(h)}} \tag{3.22}$$

工作时间内的产品数量和工作时间的消耗,要通过多次现场观察和机械说明书来获取数据。

对同一机械进行作业属于不同的工作过程,例如碎石机所破碎的石块硬度和粒径不同,挖掘机所挖土壤的类别不同,均需要分别确定其纯工作 1 h 的正常生产率。

(3)确定施工机械的正常利用系数。

确定施工机械的正常利用系数是机械在工作班内对工作时间的利用率。机械的利用系数和机械在工作班内的工作状况存在密切的关系。因此,要确定机械的正常利用系数,首先应拟定机械工作班的正常工作状况,保证合理利用工时。

确定机械正常利用系数,要计算工作班正常状况下准备与结束工作,机械启动、机械维护等工作所必需消耗的时间,以及机械有效工作的开始与结束时间,从而进一步计算出机械在工作班内的纯工作时间和机械正常利用系数。机械正常利用系数的计算公式如下:

$$\text{机械正常利用系数} = \frac{\text{机械在一个工作班内纯工作时间}}{\text{一个工作班延续时间(8 h)}} \tag{3.23}$$

(4)计算施工机械台班定额。

计算施工机械台班定额是编制机械定额工作的最后一步。在确定了机械工作正常条件、机械 1 h 纯工作正常生产率和机械正常利用系数之后,采用下列公式计算施工机械的产量定额:

$$\text{施工机械台班产量定额} = \text{机械 1 h 纯工作正常生产率} \times \text{工作班纯工作时间} \tag{3.24}$$

或:

$$\text{施工机械台班产量定额} = \text{机械 1 h 纯工作正常生产率} \times$$
$$\text{工作班延续时间} \times \text{机械正常利用系数} \tag{3.25}$$

$$\text{施工机械时间定额} = \frac{1}{\text{机械台班产量定额指标}} \tag{3.26}$$

3.2　建筑工程预算定额

3.2.1　预算定额的内容

预算定额主要由总说明、建筑面积计算规则、分册(章)说明、定额项目表和附录、附件五部分组成。

1.总说明

总说明主要介绍定额的编制依据、编制原则、适用范围及定额的作用等,同时说明编制定额时已考虑和没有考虑的因素、使用方法及有关规定等。

2. 建筑面积计算规则

建筑面积计算规则规定了计算建筑面积的范围、计算方法,不应计算建筑面积的范围等。建筑面积是分析建筑工程技术经济指标的重要数据,现行建筑面积计算规则,是由国家统一作出的规定。

3. 分册(章)说明

分册(章)说明主要介绍定额项目内容、子目的数量、定额的换算方法及各分项工程的工程量计算规则等。

4. 定额项目表

定额项目表是预算定额的主要构成部分,内容包括工程内容、计量单位、项目表等。

定额项目表中,各子目的预算价值、人工费、材料费、机械费及人工、材料、机械台班消耗量指标之间的关系,可用下列公式表示:

$$预算价值=人工费+材料费+机械费 \tag{3.27}$$

其中:

$$人工费=合计工日×每工日单价 \tag{3.28}$$

$$材料费=\sum（定额材料用量×材料预算价格）+其他材料费 \tag{3.29}$$

$$机械费=定额机械台班用量×机械台班使用费 \tag{3.30}$$

5. 附录、附件

附录和附件列在预算定额的最后,其中包括砂浆、混凝土配合比表,各种材料、机械台班单价表等有关资料,供定额换算、编制施工作业计划等使用。

3.2.2　预算定额的编制

1. 预算定额的编制依据

编制预算定额要以施工定额为基础,并且和现行的各种规范、技术水平、管理方法相匹配,主要的编制依据有:

(1)现行的劳动定额和施工定额。预算定额以现行的劳动定额和施工定额为基础编制。预算定额中人工、材料和机械台班的消耗水平需要根据劳动定额或施工定额取定。预算定额计量单位的选择,也要以施工定额为参考,进而保证两者的协调性和可比性。

(2)考虑因素。在确定预算定额的人工、材料和机械台班消耗时,必须考虑现行设计规范、施工及验收规范、质量评定标准和安全操作规程的要求和影响。

(3)具有代表性的典型工程施工图及有关标准图。通过对这些图纸的分析研究和工程量的计算,作为定额编制时选择施工方法、以确定消耗的依据。

(4)新技术、新结构、新材料和先进的施工方法等。这些资料用来调整定额水平和增加新的定额项目。

(5)有关试验、技术测定和统计、经验资料。

(6)现行预算定额、材料预算价格及有关文件规定等,也包括过去定额编制过程中积累的基础资料。

2.预算定额的编制原则

(1)按社会平均水平编制。

由于预算定额是确定和控制建筑装饰装修工程造价的主要依据。因此必须遵照价值规律的客观要求,按生产过程中所消耗的社会必要劳动时间确定定额水平,即按照"在现有的社会正常的生产条件下,在社会平均的劳动熟练程度和劳动强度下制造某种使用价值所需要的劳动时间"来确定定额水平。因此预算定额的平均水平,是在正常施工条件下,以及在合理的施工组织、工艺条件、平均劳动熟练程度和劳动强度下,完成单位分项工程基本构造要素所需要的劳动时间。

(2)坚持统一性与差别性相结合进行编制。

预算定额编制要具有统一性,要从培育全国统一市场规范计价行为出发,计价定额的制订规划和组织实施由国务院建设行政主管部门归口,并且负责全国统一定额制定与修订,颁发有关工程造价管理的规章制度办法等,有利于通过定额和工程造价的管理实现建筑安装工程价格的宏观调控。通过编制全国统一定额,使建筑安装工程具备一个统一的计价依据,也使考核设计与施工的经济效果具有一个统一尺度。

预算定额编制的差别性是在统一性的基础上,各部门和省、自治区、直辖市主管部门可以在自己的管辖范围内,根据本部门和地区的具体情况,制定部门和地区性定额、补充性制度及管理办法,来适应我国地区间部门发展不平衡和差异大的实际情况。

(3)坚持由专业人员进行编审。

由于编制预算定额有很强的政策与专业性,既要合理地把握定额水平,又要反映新工艺、新结构及新材料的定额项目,还要推进定额结构的改革。因此必须改变以往临时抽调人员编制定额的做法,建立专业队伍,长期稳定地积累经验和资料,不断补充、修订定额,促进预算定额适应市场经济的要求。

3.预算定额的编制步骤

预算定额的编制步骤为:准备工作阶段→收集资料阶段→定额编制阶段→定额报批阶段→修改定稿阶段。具体内容见表3.2。

表3.2　预算定额的编制步骤

序号	编制步骤	具体内容
1	准备工作阶段	①拟定编制方案:提出编制定额的目的和任务、定额编制范围和内容,明确编制原则、要求、项目划分和编制依据,拟定编制单位和编制人员,做出工作计划、时间、地点安排和经费预算 ②成立编制小组:抽调人员,按需要成立各编制小组。如土建定额组、设备定额组、费用定额组、综合组等
2	收集资料阶段	收集编制依据中的各种资料,并进行专项的测定和试验

续表3.2

序号	编制步骤	具体内容
3	定额编制阶段	①确定编制细则:该项工作主要包括:统一编制表格和统一编制方法;统一计算口径、计量单位和小数点位数的要求;有关统一性的规定,即用字、专业用语、符号代码的统一以及简化字的规范化和文字的简练明确;人工、材料、机械单价的统一 ②确定定额的项目划分和工程量计算规则 ③人工、材料、机械台班消耗量的计算、复核和测算
4	定额报批阶段	本阶段包括审核定稿和定额水平测算两项工作 ①审核定稿:定额初稿的审核工作是定额编制工作的法定程序,是保证定额编制质量的措施之一。应由责任心强、经验丰富的专业技术人员承担审核的主要内容,包括文字表达是否简明易懂,数字是否准确无误,章节、项目之间有无矛盾 ②定额水平测算:新定额编制成稿向主管机关报告之前,必须与原定额进行对比测算,分析水平升降原因。新编定额的水平一般应不低于历史上已经达到过的水平,并略有提高。有如下测算方法: a.单项定额比较测算:对主要分项工程的新旧定额水平进行逐行逐项比较测算 b.单项工程比较测算:对同一典型工程用新旧两种定额编制两份预算进行比较,考察定额水平的升降,分析原因
5	修改定稿阶段	修改定稿阶段工作主要包括: ①征求意见:定额初稿完成后征求各有关方面的意见,并深入分析研究,在统一意见书的基础上制订修改方案 ②修改整理报批:根据确定的修改方案,按定额的顺序对初稿进行修改,并经审核无误后形成报批稿,经批准后交付印刷 ③撰写编制说明:为贯彻定额,方便使用,需要撰写新定额编写说明,内容主要包括:项目、子目数量;人工、材料、机械消耗的内容范围;资料的依据和综合取定情况;定额中允许换算和不允许换算的规定;人工、材料、机械单价的计算和资料;施工方法、工艺的选择及材料运距的考虑;各种材料损耗率的取定资料;调整系数的使用;其他应说明的事项与计算数据、资料 ④立档成卷保存:定额编制资料既是贯彻执行定额需查对资料的依据,也为修编定额提供历史资料数据,应将其分类立卷归档,作为技术档案永久保存

3.3 概算定额与概算指标

3.3.1 概算定额

1.概算定额的概念

概算定额是规定一定计量单位的扩大分项工程或扩大结构构件所需人工、材料、机械台班消耗量和货币价值的数量标准。它是在相应预算定额的基础上,根据有代表性的设计图纸及标准图、通用图和有关资料,将预算定额中的若干项目合并、综合和扩大后编制而成的,以达到简化工程量计算和编制设计概算的目的。

在编制概算定额时,为了适应规划、设计、施工各阶段的要求,概算定额与预算定额的水平要基本相同,即反映社会平均水平。但由于概算定额是在预算定额的基础上综合扩大而成,因此两者之间必然产生并允许留有一定的幅度差,这种扩大的幅度差一般在5%以内,以便于根据概算定额编制的设计概算能对施工图预算起控制作用。目前为止,全国还没有编制概算定额的指导性统一规定,各省、市、自治区的有关部门是在总结各地区经验的基础上编制概算定额的。

2. 概算定额的内容

各地区概算定额的形式、内容各有特点,但一般包括以下内容。

(1)总说明。

总说明主要阐述概算定额的编制依据、编制原则、有关规定、适用范围、取费标准和概算造价计算方法等。

(2)分章说明。

分章说明主要阐明本章所包括的定额项目和工程内容,规定了工程量计算规则等。

(3)定额项目表。

定额项目表是概算定额的主要内容,由若干分节定额表组成。各节定额表表头注有工作内容,定额表中列有概算基价、计量单位、各种资源消耗量指标与所综合的预算定额的项目和工程量等。

3. 概算定额的编制

(1)概算定额的编制依据。

1)现行的人工工资标准、材料预算价格、机械台班预算价格及各项取费标准。

2)现行的设计标准、规范和施工技术规范、规程等法规。

3)现行的装饰装修工程预算定额和概算定额。

4)有代表性的设计图纸和标准设计图集、通用图集。

5)有关的施工图预算和工程结算等经济资料。

(2)概算定额的编制方法。

1)定额项目的划分。定额项目的划分应将简明和便于计算作为原则,在保证准确性的前提下,以主要结构分部工程为主,合并相关联的子项目。

2)定额的计量单位。定额的计量单位基本上按预算定额的规定执行,但是该单位中所包含的工程内容扩大。

3)定额数据的综合取定。由于概算定额是在预算定额的基础上综合扩大而成,所以在工程的标准和施工方法确定、工程量计算和取值上都需要进行综合考虑,并结合概、预算定额水平的幅度差而对其适当扩大,还要考虑到初步设计的深度条件来编制。例如混凝土和砂浆的强度等级、钢筋用量等,可根据工程结构的不同部位,通过综合测算、统计来选定出合理数据。

3.3.2 概算指标

1. 概算指标的概念

概算指标按项目可以分为单项工程概算指标和单位工程概算指标等。按费用可分为直接费概算指标和工程造价指标。

概算指标在建筑工程中是以建筑面积($1\ m^2$ 或 $100\ m^2$)或建筑体积($1\ m^3$ 或 $100\ m^3$)、构筑物以座为计量单位,规定所需人工、材料、机械台班消耗量和资金数量的定额指标。由于概算指标是按整个建筑物或构筑物为对象进行编制,因此它比概算定额更加综合。按照概算指标来编制设计概算也就更为简便,概算指标中各消耗量的确定,主要来自各种工程的概预算和决算的统计资料。

2. 概算指标的内容

(1)编制说明。

编制说明从总体上说明概算指标的作用、编制依据、适用范围及使用方法等。

(2)示意图或文字说明。

示意图或文字说明表明工程的结构类型、建筑面积、层数、层高等,工程项目还表示出吊车起重能力等。

(3)构造内容及工程量指标。

构造内容及工程量指标说明该工程项目的构造内容和相应计算单位的扩大分项工程的工程量指标,以及人工、主要材料消耗量指标。

(4)经济指标说明。

经济指标说明该单项工程单价指标及其中给排水、土建、采暖、电照等各单位工程单价指标。

3. 概算指标的编制

概算指标构成的数据,大多来自各种工程概、预算或决算资料。在编制时,首先要选定有代表性的工程图纸,根据预算定额或概算定额编制工程预算或概算,然后求出单位造价指标及工、料消耗指标,或根据工程决算的统计资料,经过综合、分析、调整后,求出各项概算指标。

4. 概算指标的应用

概算指标的应用相对于概算定额具有更大的针对性。由于它是一种综合性很强的指标,无法与拟建工程的建筑标准、自然条件、结构特征、施工条件完全一致。因此在选用概算指标时要十分慎重,注意选用的指标与设计对象在各个方面尽量一致或接近,这样计算出的各种资源消耗量才比较可靠。当设计对象的结构特征与概算指标的规定有局部不同时,则需要对概算指标的局部内容进行调整换算,再用修正后的概算指标进行计算,来提高设计概算的准确性。

3.4　投资估算指标

3.4.1　投资估算指标的分类

投资估算指标用于编制投资估算,一般以独立的单项工程或完整的工程项目为计算对象,其主要作用是为项目决策和投资控制提供依据。投资估算指标比其他各种计价定额具有更大的综合性和概括性。依据投资估算指标的综合程度可分为以下三类指标。

1. 建设项目投资指标

建设项目投资指标有两种:一是工程总投资或总造价指标;二是以生产能力或其他计量单位为计算单位的综合投资指标。

2. 单项工程指标

单项工程指标一般以生产能力等为计算单位,包括建筑安装工程费、设备及工器具购置以及应计入单项工程投资的其他费用。

3. 单位工程指标

单位工程指标一般以 m^2、m^3、座等为单位。

估算指标应列出工程内容、结构特征等资料,以便应用时依据实际情况进行必要的调整。

3.4.2　投资估算指标的编制

投资估算指标的编制一般分为三个阶段进行。

1. 收集整理资料阶段

收集整理已建成或正在建设的,符合现行技术政策和技术发展方向、有可能重复采用的、有代表性的工程设计施工图、标准设计及相应的竣工决算或施工图预算资料等,这些资料是编制工作的基础,资料收集得越广泛,反映出的问题就越多,编制工作考虑得越全面,就越有利于提高投资估算指标的实用性和覆盖面。同时,对调查收集到的资料要选择占投资比重大、相互关联多的项目进行认真的分析整理,由于已建成或正在建设的工程的设计意图、建设时间和地点、资料的基础等不同,相互之间的差异很大,需要去粗取精、去伪存真地加以整理,才能重复利用。将整理后的数据资料按照项目划分栏目加以归类,按照编制年度的现行定额、费用标准和价格,调整成编制年度的造价水平及相互比例。

2. 平衡调整阶段

由于调查收集的资料来源不同,虽然经过一定的分析整理,但难免会由于设计方案、建设条件和建设时间上的差异带来某些影响,使数据失准或漏项等,必须对有关资料进行综合平衡调整。

3. 测算审查阶段

测算是将新编的指标和选定工程的概预算,在同一价格条件下进行比较,检验其"量差"的偏离程度是否在允许偏差的范围之内,如果偏差过大,则要查找原因,进行修正,以保证指标的确切、实用。测算同时也是对指标编制质量进行的一次系统检查,应由专人进行,以保持测算口径的统一,在此基础上组织有关专业人员予以全面审查定稿。

4 建筑工程工程量清单计价

4.1 工程量清单编制

4.1.1 一般规定

(1)招标工程量清单应由具有编制能力的招标人或受其委托,具有相应资质的工程造价咨询人或招标代理人进行编制。

(2)招标工程量清单是工程量清单计价的基础,应作为编制招标控制价、投标报价、计算工程量、工程索赔等的依据之一。

(3)招标工程量清单必须作为招标文件的组成部分,其准确性和完整性由招标人负责。

(4)招标工程量清单应以单位(项)工程为单位进行编制,应由分部分项工程量清单、措施项目清单、其他项目清单、规费和税金项目清单组成。

(5)编制招标工程量清单应依据:

1)国家或省级、行业建设主管部门颁发的计价定额和办法。

2)《建设工程工程量清单计价规范》(GB 50500—2013)和相关工程的国家计量规范。

3)建设工程设计文件及相关资料。

4)与建设工程项目有关的标准、规范、技术资料。

5)拟定的招标文件。

6)施工现场情况、地勘水文资料、工程特点及常规施工方案。

7)其他相关资料。

4.1.2 分部分项工程项目

分部分项工程量清单必须载明项目编码、项目名称、项目特征、计量单位和工程量。必须根据相关工程现行国家计量规范规定的项目编码、项目名称、项目特征、计量单位和工程量计算规则进行编制。

4.1.3 措施项目

(1)措施项目清单必须根据相关工程现行国家计量规范的规定编制。

(2)措施项目清单应根据拟建工程的实际情况列项。

4.1.4 其他项目

(1)其他项目清单应按照下列内容列项:

1）暂列金额。暂列金额是招标人在工程量清单中暂定并包括在合同价款中的一笔款项。用于工程合同签订时尚未确定或者不可预见的所需材料、工程设备、服务的采购，施工中可能发生的工程变更、合同约定调整因素出现时的合同价款调整，以及发生的索赔、现场签证确认等的费用。

2）暂估价。暂估价招标人在工程量清单中提供的用于支付必然发生，但暂时不能确定价格的材料、工程设备的单价以及专业工程的金额。

3）计日工。计日工是在施工过程中，承包人完成发包人提出的工程合同范围以外的零星项目或工作，按合同中约定的单价计价的一种方式。

4）总承包服务费。总承包服务费是总承包人为配合协调发包人进行的专业工程发包，对发包人自行采购的材料、工程设备等进行保管及施工现场管理、竣工资料汇总整理等服务所需的费用。

（2）暂列金额应根据工程特点按有关计价规定估算。

（3）暂估价中的材料、工程设备暂估价应该根据工程造价信息或参照市场价格估算，列出明细表；专业工程暂估价应分不同专业，按有关计价规定估算，列出明细表。

（4）计日工应列出项目名称、计量单位和暂估数量。

（5）综合承包服务费应列出服务项目及其内容等。

（6）出现第（1）条未列的项目，应根据工程实际情况补充。

4.1.5　规费

（1）规费项目清单应按照下列内容列项：

1）社会保障费。社会保障费包括养老保险费、失业保险费、医疗保险费、工伤保险费、生育保险费。

2）住房公积金。

3）工程排污费。

（2）出现第（1）条未列的项目，应根据省级政府或省级有关部门的规定列项。

4.1.6　税金

（1）税金项目清单应包括下列内容：

1）营业税。

2）城市维护建设税。

3）教育费附加。

4）地方教育附加。

（2）出现第（1）条未列的项目，应根据税务部门的规定列项。

4.2　工程量清单计价编制

4.2.1　一般规定

1. 计价方式

(1)使用国有资金投资的建设工程发承包,必须采用工程量清单计价。

(2)非国有资金投资的建设工程,宜采用工程量清单计价。

(3)工程量清单应采用综合单价计价。

(4)不采用工程量清单计价的建设工程,应执行《建设工程工程量清单计价规范》(GB 50500—2013)除工程量清单等专门性规定外的其他规定。

(5)措施项目中的安全文明施工费必须按国家或省级、行业建设主管部门的规定计算,不得作为竞争性费用。

(6)规费和税金必须按国家或省级、行业建设主管部门的规定计算,不得作为竞争性费用。

2. 发包人提供材料和工程设备

(1)发包人提供的材料和工程设备(以下简称甲供材料)应在招标文件中按照《建设工程工程量清单计价规范》(GB 50500—2013)附录 L.1 的规定填写《发包人提供材料和工程设备一览表》,写明甲供材料的名称、数量、规格、单价、交货方式、交货地点等。

承包人投标时,甲供材料单价应计入相应项目的综合单价中,签约后,发包人应按合同约定扣除甲供材料款,不予支付。

(2)承包人应根据合同工程进度计划的安排,向发包人提交甲供材料交货的日期计划。发包人按计划提供。

(3)发包人提供的甲供材料如规格、数量或质量不符合合同要求,或由于发包人原因发生交货日期的延误、交货地点及交货方式的变更等情况,发包人应承担由此增加的费用和(或)工期延误,并应向承包人支付合理利润。

(4)发承包双方对甲供材料的数量发生争议无法达成一致的,应按照相关工程的计价定额同类项目规定的材料消耗量计算。

(5)若发包人要求承包人采购已在招标文件中确定为甲供材料,材料价格应由发承包双方根据市场调查确定,并应另行签订补充协议。

3. 承包人提供材料和工程设备

(1)除合同约定的发包人提供的甲供材料外,合同工程所需的材料和工程设备应由承包人提供,承包人提供的材料和工程设备均应由承包人负责采购、运输及保管。

(2)承包人应按合同约定将采购材料和工程设备的供货人及品种、规格、数量和供货时间等提交发包人确认,并负责提供材料和工程设备的质量证明文件,满足合同约定的质量标准。

(3)对承包人提供的材料和工程设备经检测不符合合同约定的质量标准,发包人应立即要求承包人更换,由此增加的费用和(或)工期延误应由承包人承担。对发包人要求检测承包人已具有合格证明的材料、工程设备,但经检测证明该项材料、工程设备符合合同约定的质量标准,发包人应承担由此增加的费用和(或)工期延误,并向承包人支付合理利润。

4. 计价风险

(1)建设工程发承包。必须在招标文件、合同中明确计价中的风险内容及其范围,不得采用无限风险、所有风险或类似语句规定计价中的风险内容及范围。

(2)由于下列因素出现,影响合同价款调整的,应由发包人承担:

1)国家法律、法规、规章和政策发生变化。

2)省级或行业建设主管部门发布的人工费调整,但承包人对人工费或人工单价的报价高于发布的除外。

3)由政府定价或政府指导价管理的原材料等价格进行了调整。

(3)由于市场物价波动影响合同价款的,应由发承包双方合理分摊,按《建设工程工程量清单计价规范》(GB 50500—2013)中附录 L.2 或 L.3 填写《承包人提供主要材料和工程设备一览表》作为合同附件;当合同中没有约定,发承包双方发生争议时,应按"物价变化"的规定调整合同价款。

(4)由于承包人使用机械设备、施工技术及组织管理水平等自身原因造成施工费用增加的,应由承包人全部承担。

(5)当不可抗力发生,影响合同价款时,应按"合同价款调整"中"不可抗力"的规定执行。

4.2.2　招标控制价

1. 一般规定

(1)对国有资金投资的建设工程招标,招标人必须编制招标控制价。

(2)招标控制价应由具有编制能力的招标人或受其委托具有相应资质的工程造价咨询人编制和复核。

(3)工程造价咨询人接受招标人委托编制招标控制价,不得再就同一工程接受投标人委托编制投标报价。

(4)招标控制价应按照相关规定编制,不应上调或下浮。

(5)当招标控制价超过批准的概算时,招标人应将其报原概算审批部门审核。

(6)招标人应在发布招标文件时公布招标控制价,同时应将招标控制价及有关资料报送工程所在地或有该工程管辖权的行业管理部门工程造价管理机构备查。

2. 编制与复核

(1)招标控制价应根据下列依据编制与复核:

1)《建设工程工程量清单计价规范》(GB 50500—2013)。

2)国家或省级、行业建设主管部门颁发的计价定额和计价办法。

3)建设工程设计文件及相关资料。

4）拟定的招标文件及招标工程量清单。

5）与建设项目相关的标准、规范、技术资料。

6）施工现场情况、工程特点及常规施工方案。

7）工程造价管理机构发布的工程造价信息,当工程造价信息没有发布时,参照市场价。

8）其他的相关资料。

（2）综合单价中应包括招标文件中划分的应由投标人承担的风险范围及其费用。招标文件中没有明确的,如是工程造价咨询人编制,应提请招标人明确;如是招标人编制,应予明确。

（3）分部分项工程和措施项目中的单价项目,应根据拟定的招标文件和招标工程量清单项目中的特征描述及有关要求确定综合单价计算。

（4）措施项目中的总价项目应根据拟定的招标文件和常规施工方案按"工程量清单计价编制一般规定"中"计价方式"（4）和（5）的规定计价。

（5）其他项目应按下列规定计价:

1）暂列金额应按招标工程量清单中列出的金额填写。

2）暂估价中的材料、工程设备单价应按招标工程量清单中列出的单价计入综合单价。

3）暂估价中的专业工程金额应按招标工程量清单中列出的金额填写。

4）计日工应按招标工程量清单中列出的项目根据工程特点和有关计价依据确定综合单价计算。

5）总承包服务费应根据招标工程量清单列出的内容和要求估算。

（6）规费和税金应按"工程量清单计价编制一般规定"中"计价方式"（6）的规定计算。

3. 投诉与处理

（1）投标人经复核认为招标人公布的招标控制价未按照《建设工程工程量清单计价规范》（GB 50500—2013）的规定进行编制的,应在招标控制价公布后 5 天内向招投标监督机构和工程造价管理机构投诉。

（2）投诉人投诉时,应当提交由单位盖章和法定代表人或其委托人签名或盖章的书面投诉书,投诉书应包括下列内容:

1）投诉人与被投诉人的名称、地址及有效联系方式。

2）投诉的招标工程名称、具体事项及理由。

3）投诉依据及相关证明材料。

4）相关的请求及主张。

（3）投诉人不得进行虚假、恶意投诉,阻碍投标活动的正常进行。

（4）工程造价管理机构在接到投诉书后应在 2 个工作日内进行审查,对有下列情况之一的,不予受理:

1）投诉人不是所投诉招标工程招标文件的收受人。

2）投诉书提交的时间不符合（1）中规定的。

3)投诉书不符合(2)中规定的。

4)投诉事项已进入行政复议或行政诉讼程序的。

(5)工程造价管理机构应在不迟于结束审查的次日将是否受理投诉的决定书面通知投诉人、被投诉人及负责该工程招投标监督的招投标管理机构。

(6)工程造价管理机构受理投诉后,应立即对招标控制价进行复查,组织投诉人、被投诉人或其委托的招标控制价编制人等单位人员对投诉问题逐一核对。有关当事人应当予以配合,并应保证所提供资料的真实性。

(7)工程造价管理机构应当在受理投诉的 10 天内完成复查,特殊情况下可适当延长,并做出书面结论通知投诉人、被投诉人及负责该工程招投标监督的招投标管理机构。

(8)当招标控制价复查结论与原公布的招标控制价误差大于±3% 时,应当责成招标人改正。

(9)招标人根据招标控制价复查结论需要重新公布招标控制价的,其最终公布的时间至招标文件要求提交投标文件截止时间不足 15 天的,应相应延长投标文件的截止时间。

4.2.3 投标报价

1. 一般规定

(1)投标价应由投标人或受其委托具有相应资质的工程造价咨询人编制。

(2)投标人应依据《建设工程工程量清单计价规范》(GB 50500—2013)的规定自主确定投标报价。

(3)投标报价不得低于工程成本。

(4)投标人必须按招标工程量清单填报价格。项目编码、项目名称、项目特征、计量单位、工程量必须与招标工程量清单一致。

(5)投标人的投标报价高于招标控制价的应予废标。

2. 编制与复核

(1)投标报价应根据下列依据编制和复核:

1)《建设工程工程量清单计价规范》(GB 50500—2013)。

2)国家或省级、行业建设主管部门颁发的计价办法。

3)企业定额,国家或省级、行业建设主管部门颁发的计价定额和计价办法。

4)招标文件、招标工程量清单及其补充通知、答疑纪要。

5)建设工程设计文件及相关资料。

6)施工现场情况、工程特点及投标时拟定的施工组织设计或施工方案。

7)与建设项目相关的标准、规范等技术资料。

8)市场价格信息或工程造价管理机构发布的工程造价信息。

6)其他的相关资料。

(2)综合单价中应包括招标文件中划分的应由投标人承担的风险范围及其费用,招标文件中没有明确的,应提请招标人明确。

（3）措施项目中的总价项目金额应根据招标文件和投标时拟定的施工组织设计或施工方案按"工程量清单计价编制一般规定"中"计价方式"（4）的规定自主确定。其中安全文明施工费应按照"工程量清单计价编制一般规定"中"计价方式"（5）的规定确定。

（4）其他项目费应按下列规定报价：

1）暂列金额应按招标工程量清单中列出的金额填写。

2）材料、工程设备暂估价应按招标工程量清单中列出的单价计入综合单价。

3）专业工程暂估价应按招标工程量清单中列出的金额填写。

4）计日工应按招标工程量清单中列出的项目和数量，自主确定综合单价并计算计日工金额。

5）总承包服务费应根据招标工程量清单中列出的内容和提出的要求自主确定。

（5）规费和税金应按"工程量清单计价编制一般规定"中"计价方式"（6）的规定确定。

（6）招标工程量清单与计价表中列明的所有需要填写单价和合价的项目，投标人均应填写且只允许有一个报价。未填写单价和合价的项目，可视为此项费用已包含在已标价工程量清单中其他项目的单价和合价之中。当竣工结算时，此项目不得重新组价予以调整。

（7）投标总价应当与分部分项工程费、措施项目费、其他项目费和规费、税金的合计金额一致。

4.2.4　合同价款约定

1. 一般规定

（1）实行招标的工程合同价款应在中标通知书发出之日起 30 天内，由发承包双方依据招标文件和中标人的投标文件在书面合同中约定。

合同约定不得违背招标、投标文件中关于工期、造价、质量等方面的实质性内容。招标文件与中标人投标文件不一致的地方，应以投标文件为准。

（2）不实行招标的工程合同价款，应在发承包双方认可的工程价款基础上，由发承包双方在合同中约定。

（3）实行工程量清单计价的工程，应采用单价合同；建设规模较小，技术难度较低，工期较短，且施工图设计已审查批准的建设工程可采用总价合同；紧急抢险、救灾及施工技术特别复杂的建设工程可采用成本加酬金合同。

2. 约定内容

（1）发承包双方应在合同条款中对下列事项进行约定：

1）预付工程款的数额、支付时间及抵扣方式。

2）安全文明施工措施的支付计划，使用要求等。

3）工程计量与支付工程进度款的方式、数额及时间。

4）工程价款的调整因素、方法、程序、支付及时间。

5）施工索赔与现场签证的程序、金额确认与支付时间。

6) 承担计价风险的内容、范围及超出约定内容、范围的调整办法。

7) 工程竣工价款结算编制与核对、支付及时间。

8) 工程质量保证金的数额、预留方式及时间。

9) 违约责任与发生合同价款争议的解决方法及时间。

10) 与履行合同、支付价款有关的其他事项等。

(2) 合同中没有按照上述(1)的要求约定或约定不明的,若发承包双方在合同履行中发生争议由双方协商确定;当协商不能达成一致时,应按《建设工程工程量清单计价规范》(GB 50500—2013)的规定执行。

4.2.5　工程计量

1. 一般规定

(1) 工程量必须按照相关工程现行国家计量规范规定的工程量计算规则计算。

(2) 工程计量可选择按月或按工程形象进度分段计量,具体计量周期应在合同中约定。

(3) 因承包人原因造成的超出合同工程范围施工或返工的工程量,发包人不予计量。

(4) 成本加酬金合同应按"单价合同的计量"的规定计量。

2. 单价合同的计量

(1) 工程量必须以承包人完成合同工程应予计量的工程量确定。

(2) 施工中进行工程计量,当发现招标工程量清单中出现缺项、工程量偏差,或因工程变更引起工程量增减时,应按承包人在履行合同义务中完成的工程量计算。

(3) 承包人应当按照合同约定的计量周期和时间向发包人提交当期已完工程量报告。发包人应在收到报告后 7 天内核实,并将核实计量结果通知承包人。发包人未在约定时间内进行核实的,承包人提交的计量报告中所列的工程量应视为承包人实际完成的工程量。

(4) 发包人认为需要进行现场计量核实时,应在计量前 24 小时通知承包人,承包人应为计量提供便利条件并派人参加。当双方均同意核实结果时,双方应在上述记录上签字确认。承包人收到通知后不派人参加计量,视为认可发包人的计量核实结果。发包人不按照约定时间通知承包人,致使承包人未能派人参加计量,计量核实结果无效。

(5) 当承包人认为发包人核实后的计量结果有误时,应在收到计量结果通知后的 7 天内向发包人提出书面意见,并应附上其认为正确的计量结果和详细的计算资料。发包人收到书面意见后,应在 7 天内对承包人的计量结果进行复核后通知承包人。承包人对复核计量结果仍有异议的,按照合同约定的争议解决办法处理。

(6) 承包人完成已标价工程量清单中每个项目的工程量并经发包人核实无误后,发承包双方应对每个项目的历次计量报表进行汇总,以核实最终结算工程量,并应在汇总表上签字确认。

3. 总价合同的计量

(1) 采用工程量清单方式招标形成的总价合同,其工程量应按照"单价合同的计量"

的规定计算。

(2)采用经审定批准的施工图纸及其预算方式发包形成的总价合同,除按照工程变更规定的工程量增减外,总价合同各项目的工程量应为承包人用于结算的最终工程量。

(3)总价合同约定的项目计量应以合同工程经审定批准的施工图纸为依据,发承包双方应在合同中约定工程计量的形象目标或时间节点进行计量。

(4)承包人应在合同约定的每个计量周期内对已完成的工程进行计量,并向发包人提交达到工程形象目标完成的工程量和有关计量资料的报告。

(5)发包人应在收到报告后7天内对承包人提交的上述资料进行复核,以确定实际完成的工程量和工程形象目标。对其有异议的,应通知承包人进行共同复核。

4.2.6　合同价款调整

1. 一般规定

(1)下列事项(但不限于)发生,发承包双方应当按照合同约定调整合同价款:

1)法律法规变化。

2)工程变更。

3)项目特征不符。

4)工程量清单缺项。

5)工程量偏差。

6)计日工。

7)物价变化。

8)暂估价。

9)不可抗力。

10)提前竣工(赶工补偿)。

11)误期赔偿。

12)索赔。

13)现场签证。

14)暂列金额。

15)发承包双方约定的其他调整事项。

(2)出现合同价款调增事项(不含工程量偏差、计日工、现场签证、索赔)后的14天内,承包人应向发包人提交合同价款调增报告并附上相关资料;承包人在14天内未提交合同价款调增报告的,应视为承包人对该事项不存在调整价款请求。

(3)出现合同价款调减事项(不含工程量偏差、索赔)后的14天内,发包人应向承包人提交合同价款调减报告并附相关资料;发包人在14天内未提交合同价款调减报告的,应视为发包人对该事项不存在调整价款请求。

(4)发(承)包人应在收到承(发)包人合同价款调增(减)报告及相关资料之日起14天内对其核实,予以确认的应书面通知承(发)包人。当有疑问时,应向承(发)包人提出协商意见。发(承)包人在收到合同价款调增(减)报告之日起14天内未确认也未提出协商意见的,应视为承(发)包人提交的合同价款调增(减)报告已被发(承)包人认可。发

(承)包人提出协商意见的,承(发)包人应在收到协商意见后的14天内对其核实,予以确认的应书面通知发(承)包人。承(发)包人在收到发(承)包人的协商意见后14天内既不确认也未提出不同意见的,应视为发(承)包人提出的意见已被承(发)包人认可。

(5)发包人与承包人对合同价款调整的不同意见不能达成一致的,只要对发承包双方履约不产生实质影响,双方应继续履行合同义务,直到其按照合同约定的争议解决方式得到处理。

(6)经发承包双方确认调整的合同价款,作为追加(减)合同价款,应与工程进度款或结算款同期支付。

2. 法律法规变化

(1)招标工程以投标截止日前28天、非招标工程以合同签订前28天为基准日,其后因国家的法律、法规、规章和政策发生变化引起工程造价增减变化的,发承包双方应按照省级或行业建设主管部门或其授权的工程造价管理机构据此发布的规定调整合同价款。

(2)因承包人原因导致工期延误的,按(1)规定的调整时间,在合同工程原定竣工时间之后,合同价款调增的不予调整,合同价款调减的予以调整。

3. 工程变更

(1)因工程变更引起已标价工程量清单项目或其工程数量发生变化时,应按照下列规定调整:

1)已标价工程量清单中有适用于变更工程项目的,应采用该项目的单价;但当工程变更导致该清单项目的工程数量发生变化,且工程量偏差超过15%时,该项目单价应按照下述“工程量偏差”中(2)的规定调整。

2)已标价工程量清单中无适用但有类似于变更工程项目的,可在合理范围内参照类似项目单价。

3)已标价工程量清单中没有适用也没有类似于变更工程项目的,应由承包人根据变更工程资料、计量规则和计价办法、工程造价管理机构发布的信息价格和承包人报价浮动率提出变更工程项目的单价,并应报发包人确认后调整。承包人报价浮动率可按下列公式计算:

招标工程:

$$承包人报价浮动率 L = (1-中标价/招标控制价) \times 100\% \qquad (4.1)$$

非招标工程:

$$承包人报价浮动率 L = (1-报价/施工图预算) \times 100\% \qquad (4.2)$$

4)已标价工程量清单中没有适用也没有类似于变更工程项目,且工程造价管理机构发布的信息价格缺价的,应由承包人根据变更工程资料、计量规则、计价办法和通过市场调查等取得有合法依据的市场价格提出变更工程项目的单价,并应报发包人确认后调整。

(2)工程变更引起施工方案改变并使措施项目发生变化时,承包人提出调整措施项目费的,应事先将拟实施的方案提交发包人确认,并应详细说明与原方案措施项目相比的变化情况。拟实施的方案经发承包双方确认后执行,并应按照下列规定调整措施项目费:

1)安全文明施工费应按照实际发生变化的措施项目依据“工程量清单计价编制一般

规定"中"计价方式"的(5)的规定计算。

2)采用单价计算的措施项目费,应按照实际发生变化的措施项目,按(1)的规定确定单价。

3)按总价(或系数)计算的措施项目费,按照实际发生变化的措施项目调整,但应考虑承包人报价浮动因素,即调整金额按照实际调整金额乘以(1)规定的承包人报价浮动率计算。

如果承包人未事先将拟实施的方案提交给发包人确认,则应视为工程变更不引起措施项目费的调整或承包人放弃调整措施项目费的权利。

(3)当发包人提出的工程变更因非承包人原因删减了合同中的某项原定工作或工程,致使承包人发生的费用或(和)得到的收益不能被包括在其他已支付或应支付的项目中,也未被包含在任何替代的工作或工程中时,承包人有权提出并应得到合理的费用及利润补偿。

4. 项目特征描述不符

(1)发包人在招标工程量清单中对项目特征的描述,应被认为是准确的和全面的,并且与实际施工要求相符合。承包人应按照发包人提供的招标工程量清单,根据项目特征描述的内容及有关要求实施合同工程,直到项目被改变为止。

(2)承包人应按照发包人提供的设计图纸实施合同工程,若在合同履行期间出现设计图纸(含设计变更)与招标工程量清单任一项目的特征描述不符,且该变化引起该项目工程造价增减变化的,应按照实际施工的项目特征,按"工程变更"的相关条款的规定重新确定相应工程量清单项目的综合单价,并调整合同价款。

5. 工程量清单缺项

(1)合同履行期间,由于招标工程量清单中缺项,新增分部分项工程清单项目的,应按照"工程变更"中(1)的规定确定单价,并调整合同价款。

(2)新增分部分项工程清单项目后,引起措施项目发生变化的,应按照上述"工程变更"中(2)的规定,在承包人提交的实施方案被发包人批准后调整合同价款。

(3)由于招标工程量清单中措施项目缺项,承包人应将新增措施项目实施方案提交发包人批准后,按照上述"工程变更"中(1)、(2)的规定调整合同价款。

6. 工程量偏差

(1)合同履行期间,当应予计算的实际工程量与招标工程量清单出现偏差,且符合(2)、(3)规定时,发承包双方应调整合同价款。

(2)对于任一招标工程量清单项目,当因工程量偏差规定的"工程量偏差"和"工程变更"规定的工程变更等原因导致工程量偏差超过15%时,可进行调整。当工程量增加15%以上时,增加部分的工程量的综合单价应予调低;当工程量减少15%以上时,减少后剩余部分的工程量的综合单价应予调高。

(3)当工程量出现(2)的变化,且该变化引起相关措施项目相应发生变化时,按系数或单一总价方式计价的,工程量增加的措施项目费调增,工程量减少的措施项目费调减。

7. 计日工

(1)发包人通知承包人以计日工方式实施的零星工作,承包人应予执行。

(2)采用计日工计价的任何一项变更工作,在该项变更的实施过程中,承包人应按合同约定提交下列报表和有关凭证送发包人复核:

1)工作名称、内容和数量。

2)投入该工作所有人员的姓名、工种、级别和耗用工时。

3)投入该工作的材料名称、类别和数量。

4)投入该工作的施工设备型号、台数和耗用台时。

5)发包人要求提交的其他资料和凭证。

(3)任一计日工项目持续进行时,承包人应在该项工作实施结束后的 24 小时内向发包人提交有计日工记录汇总的现场签证报告一式三份。发包人在收到承包人提交现场签证报告后的 2 天内予以确认并将其中一份返还给承包人,作为计日工计价和支付的依据。发包人逾期未确认也未提出修改意见的,应视为承包人提交的现场签证报告已被发包人认可。

(4)任一计日工项目实施结束后,承包人应按照确认的计日工现场签证报告核实该类项目的工程数量,并应根据核实的工程数量和承包人已标价工程量清单中的计日工单价计算,提出应付价款;已标价工程量清单中没有该类计日工单价的,由发承包双方按"工程变更"的规定商定计日工单价计算。

(5)每个支付期末,承包人应按照"进度款"的规定向发包人提交本期间所有计日工记录的签证汇总表,并应说明本期间自己认为有权得到的计日工金额,调整合同价款,列入进度款支付。

8. 物价变化

(1)合同履行期间,因人工、材料、工程设备、机械台班价格波动影响合同价款时,应根据合同约定,按物价变化合同价款调整方法调整合同价款。物价变化合同价款调整方法主要有以下两种:价格指数调整价格差额和造价信息调整价格差额。

1)价格指数调整价格差额。

①价格调整公式。因人工、材料和工程设备、施工机械台班等价格波动影响合同价格时,根据招标人提供的"承包人提供主要材料和工程设备一览表(适用于价格指数差额调整法)",并由投标人在投标函附录中的价格指数和权重表约定的数据,应按下式计算差额并调整合同价款:

$$\Delta P = P_0 \left[A + \left(B_1 \times \frac{F_{t1}}{F_{01}} + \frac{F_{t2}}{F_{02}} + B_3 \times \frac{F_{t3}}{F_{03}} + \cdots + B_n \times \frac{F_{tn}}{F_{0n}} \right) - 1 \right] \quad (4.3)$$

式中　　ΔP——需调整的价格差额;

　　　　P_0——约定的付款证书中承包人应得到的已完成工程量的金额。此项金额应不包括价格调整、不计质量保证金的扣留和支付、预付款的支付和扣回。约定的变更及其他金额已按现行价格计价的,也不计在内;

　　　　A——定值权重(即不调部分的权重);

$B_1, B_2, B_3, \cdots, B_n$ —— 各可调因子的变值权重(即可调部分的权重),为各可调因子在投标函投标总报价中所占的比例;

$F_{t1}, F_{t2}, F_{t3}, \cdots, F_{tn}$ —— 各可调因子的现行价格指数,指约定的付款证书相关周期最后一天的前 42 天的各可调因子的价格指数;

$F_{01}, F_{02}, F_{03}, \cdots, F_{0n}$ —— 各可调因子的基本价格指数,指基准日期的各可调因子的价格指数。

以上价格调整公式中的各可调因子、定值和变值权重,以及基本价格指数及其来源在投标函附录价格指数和权重表中约定。价格指数应首先采用工程造价管理机构提供的价格指数,缺乏上述价格指数时,可采用工程造价管理机构提供的价格代替。

②暂时确定调整差额。在计算调整差额时得不到现行价格指数的,可暂用上一次价格指数计算,并在以后的付款中再按实际价格指数进行调整。

③权重的调整。约定的变更导致原定合同中的权重不合理时,由承包人和发包人协商后进行调整。

④承包人工期延误后的价格调整。由于承包人原因未在约定的工期内竣工的,对原约定竣工日期后继续施工的工程,在使用第①条的价格调整公式时,应采用原约定竣工日期与实际竣工日期的两个价格指数中较低的一个作为现行价格指数。

⑤若可调因子包括了人工在内,则不适用"工程量清单计价编制一般规定"中"计价风险"中(2)的规定。

2)造价信息调整价格差额。

①施工期内,因人工、材料和工程设备、施工机械台班价格波动影响合同价格时,人工、机械使用费按照国家或省、自治区、直辖市建设行政管理部门、行业建设管理部门或其授权的工程造价管理机构发布的人工成本信息、机械台班单价或机械使用费系数进行调整;需要进行价格调整的材料,其单价和采购数应由发包人复核,发包人确认需调整的材料单价及数量,作为调整合同价款差额的依据。

②人工单价发生变化且符合"工程量清单计价编制一般规定"中"计价风险"中(2)的规定的条件时,发承包双方应按省级或行业建设主管部门或其授权的工程造价管理机构发布的人工成本文件调整合同价款。

③材料、工程设备价格变化按照发包人提供的《承包人提供主要材料和工程设备一览表(适用于造价信息差额调整法)》,由发承包双方约定的风险范围按下列规定调整合同价款:

承包人投标报价中材料单价低于基准单价:施工期间材料单价涨幅以基准单价为基础超过合同约定的风险幅度值,或材料单价跌幅以投标报价为基础超过合同约定的风险幅度值时,其超过部分按实调整。

承包人投标报价中材料单价高于基准单价:施工期间材料单价跌幅以基准单价为基础超过合同约定的风险幅度值,或材料单价涨幅以投标报价为基础超过合同约定的风险幅度值时,其超过部分按实调整。

承包人投标报价中材料单价等于基准单价:施工期间材料单价涨、跌幅以基准单价为基础超过合同约定的风险幅度值时,其超过部分按实调整。

　　承包人应在采购材料前将采购数量和新的材料单价报送发包人核对,确认用于本合同工程时,发包人应确认采购材料的数量和单价。发包人在收到承包人报送的确认资料后3个工作日不予答复的视为已经认可,作为调整合同价款的依据。如果承包人未报经发包人核对即自行采购材料,再报发包人确认调整合同价款的,如发包人不同意,则不做调整。

　　④施工机械台班单价或施工机械使用费发生变化超过省级或行业建设主管部门或其授权的工程造价管理机构规定的范围时,按其规定调整合同价款。

　　(2)承包人采购材料和工程设备的,应在合同中约定主要材料、工程设备价格变化的范围或幅度;当没有约定,且材料、工程设备单价变化超过5%时,超过部分的价格应按照以上两种物价变化合同价款调整方法计算调整材料、工程设备费。

　　(3)发生合同工程工期延误的,应按照下列规定确定合同履行期的价格调整:

　　1)因非承包人原因导致工期延误的,计划进度日期后续工程的价格,应采用计划进度日期与实际进度日期两者的较高者。

　　2)因承包人原因导致工期延误的,计划进度日期后续工程的价格,应采用计划进度日期与实际进度日期两者的较低者。

　　(4)发包人供应材料和工程设备的,不适用(1)、(2)规定,应由发包人按照实际变化调整,列入合同工程的工程造价内。

9. 暂估价

　　(1)发包人在招标工程量清单中给定暂估价的材料、工程设备属于依法必须招标的,应由发承包双方以招标的方式选择供应商,确定价格,并应以此为依据取代暂估价,调整合同价款。

　　(2)发包人在招标工程量清单中给定暂估价的材料、工程设备不属于依法必须招标的,应由承包人按照合同约定采购,经发包人确认单价后取代暂估价,调整合同价款。

　　(3)发包人在工程量清单中给定暂估价的专业工程不属于依法必须招标的,应按照"工程变更"相应条款的规定确定专业工程价款,并应以此为依据取代专业工程暂估价,调整合同价款。

　　(4)发包人在招标工程量清单中给定暂估价的专业工程,依法必须招标的,应当由发承包双方依法组织招标选择专业分包人,并接受有管辖权的建设工程招标投标管理机构的监督,还应符合下列要求:

　　1)除合同另有约定外,承包人不参加投标的专业工程发包招标,应由承包人作为招标人,但拟定的招标文件、评标工作、评标结果应报送发包人批准。与组织招标工作有关的费用应当被认为已经包括在承包人的签约合同价(投标总报价)中。

　　2)承包人参加投标的专业工程发包招标,应由发包人作为招标人,与组织招标工作有关的费用由发包人承担。同等条件下,应优先选择承包人中标。

　　3)应以专业工程发包中标价为依据取代专业工程暂估价,调整合同价款。

10. 不可抗力

　　因不可抗力事件导致的人员伤亡、财产损失及其费用增加,发承包双方应按下列原则分别承担并调整合同价款和工期：

(1)合同工程本身的损害、因工程损害导致第三方人员伤亡和财产损失以及运至施工场地用于施工的材料和待安装的设备的损害，应由发包人承担。

(2)发包人、承包人人员伤亡应由其所在单位负责，并应承担相应费用。

(3)承包人的施工机械设备损坏及停工损失，应由承包人承担。

(4)停工期间，承包人应发包人要求留在施工场地的必要的管理人员及保卫人员的费用应由发包人承担。

(5)工程所需清理、修复费用，应由发包人承担。

11. 提前竣工(赶工补偿)

(1)招标人应依据相关工程的工期定额合理计算工期，压缩的工期天数不得超过定额工期的20%，超过者，应在招标文件中明示增加赶工费用。

(2)发包人要求合同工程提前竣工的，应征得承包人同意后与承包人商定采取加快工程进度的措施，并应修订合同工程进度计划。发包人应承担承包人由此增加的提前竣工(赶工补偿)费用。

(3)发承包双方应在合同中约定提前竣工每日历天应补偿额度，此项费用应作为增加合同价款列入竣工结算文件中，应与结算款一并支付。

12. 误期赔偿

(1)承包人未按照合同约定施工，导致实际进度迟于计划进度的，承包人应加快进度，实现合同工期。

合同工程发生误期，承包人应赔偿发包人由此造成的损失，并应按照合同约定向发包人支付误期赔偿费。即使承包人支付误期赔偿费，也不能免除承包人按照合同约定应承担的任何责任和应履行的任何义务。

(2)发承包双方应在合同中约定误期赔偿费，并应明确每日历天应赔额度。误期赔偿费应列入竣工结算文件中，并应在结算款中扣除。

(3)在工程竣工之前，合同工程内的某单项(位)工程已通过了竣工验收，且该单项(位)工程接收证书中表明的竣工日期并未延误，而是合同工程的其他部分产生了工期延误时，误期赔偿费应按照已颁发工程接收证书的单项(位)工程造价占合同价款的比例幅度予以扣减。

13. 索赔

(1)当合同一方向另一方提出索赔时，应有正当的索赔理由和有效证据，并应符合合同的相关约定。

(2)根据合同约定，承包人认为非承包人原因发生的事件造成了承包人的损失，应按下列程序向发包人提出索赔：

1)承包人应在知道或应当知道索赔事件发生后28天内，向发包人提交索赔意向通知书，说明发生索赔事件的事由。承包人逾期未发出索赔意向通知书的，丧失索赔的权利。

2)承包人应在发出索赔意向通知书后28天内，向发包人正式提交索赔通知书。索赔通知书应详细说明索赔理由和要求,并应附必要的记录和证明材料。

3)索赔事件具有连续影响的,承包人应继续提交延续索赔通知,说明连续影响的实际情况和记录。

4)在索赔事件影响结束后的 28 天内,承包人应向发包人提交最终索赔通知书,说明最终索赔要求,并应附必要的记录和证明材料。

(3)承包人索赔应按下列程序处理:

1)发包人收到承包人的索赔通知书后,应及时查验承包人的记录和证明材料。

2)发包人应在收到索赔通知书或有关索赔的进一步证明材料后的 28 天内,将索赔处理结果答复承包人,如果发包人逾期未作出答复,视为承包人索赔要求已被发包人认可。

3)承包人接受索赔处理结果的,索赔款项应作为增加合同价款,在当期进度款中进行支付;承包人不接受索赔处理结果的,应按合同约定的争议解决方式办理。

(4)承包人要求赔偿时,可以选择下列一项或几项方式获得赔偿:

1)延长工期。

2)要求发包人支付实际发生的额外费用。

3)要求发包人支付合理的预期利润。

4)要求发包人按合同的约定支付违约金。

5)当承包人的费用索赔与工期索赔要求相关联时,发包人在作出费用索赔的批准决定时,应结合工程延期,综合作出费用赔偿和工程延期的决定。

6)发承包双方在按合同约定办理了竣工结算后,应被认为承包人已无权再提出竣工结算前所发生的任何索赔。承包人在提交的最终结清申请中,只限于提出竣工结算后的索赔,提出索赔的期限应自发承包双方最终结清时终止。

7)根据合同约定,发包人认为由于承包人的原因造成发包人的损失,宜按承包人索赔的程序进行索赔。

8)发包人要求赔偿时,可以选择下列一项或几项方式获得赔偿:

①延长质量缺陷修复期限。

②要求承包人支付实际发生的额外费用。

③要求承包人按合同的约定支付违约金。

9)承包人应付给发包人的索赔金额可从拟支付给承包人的合同价款中扣除,或由承包人以其他方式支付给发包人。

14. 现场签证

(1)承包人应发包人要求完成合同以外的零星项目、非承包人责任事件等工作的,发包人应及时以书面形式向承包人发出指令,并应提供所需的相关资料;承包人在收到指令后,应及时向发包人提出现场签证要求。

(2)承包人应在收到发包人指令后的 7 天内向发包人提交现场签证报告,发包人应在收到现场签证报告后的 48 小时内对报告内容进行核实,予以确认或提出修改意见。发包人在收到承包人现场签证报告后的 48 小时内未确认也未提出修改意见的,应视为承包人提交的现场签证报告已被发包人认可。

(3)现场签证的工作如已有相应的计日工单价,现场签证中应列明完成该类项目所需的人工、材料、工程设备和施工机械台班的数量。

如现场签证的工作没有相应的计日工单价,应在现场签证报告中列明完成该签证工作所需的人工、材料设备和施工机械台班的数量及单价。

(4)合同工程发生现场签证事项,未经发包人签证确认,承包人便擅自施工的,除非征得发包人书面同意,否则发生的费用应由承包人承担。

(5)现场签证工作完成后的7天内,承包人应按照现场签证内容计算价款,报送发包人确认后,作为增加合同价款,与进度款同期支付。

(6)在施工过程中,当发现合同工程内容因场地条件、地质水文、发包人要求等不一致时,承包人应提供所需的相关资料,并提交发包人签证认可,作为合同价款调整的依据。

15.暂列金额

(1)已签约合同价中的暂列金额应由发包人掌握使用。

(2)发包人按照上述规定支付后,暂列金额余额应归发包人所有。

4.2.7　合同价款期中支付

1.预付款

(1)承包人应将预付款专用于合同工程。

(2)包工包料工程的预付款的支付比例不得低于签约合同价(扣除暂列金额)的10%,不宜高于签约合同价(扣除暂列金额)的30%。

(3)承包人应在签订合同或向发包人提供与预付款等额的预付款保函后向发包人提交预付款支付申请。

(4)发包人应在收到支付申请的7天内进行核实,向承包人发出预付款支付证书,并在签发支付证书后的7天内向承包人支付预付款。

(5)发包人没有按合同约定按时支付预付款的,承包人可催告发包人支付;发包人在预付款期满后的7天内仍未支付的,承包人可在付款期满后的第8天起暂停施工。发包人应承担由此增加的费用和延误的工期,并应向承包人支付合理利润。

(6)预付款应从每一个支付期应支付给承包人的工程进度款中扣回,直到扣回的金额达到合同约定的预付款金额为止。

(7)承包人的预付款保函的担保金额根据预付款扣回的数额相应递减,但在预付款全部扣回之前一直保持有效。发包人应在预付款扣完后的14天内将预付款保函退还给承包人。

2.安全文明施工费

(1)安全文明施工费包括的内容和使用范围,应符合国家有关文件和计量规范的规定。

(2)发包人应在工程开工后的28天内预付不低于当年施工进度计划的安全文明施工费总额的60%,其余部分应按照提前安排的原则进行分解,并应与进度款同期支付。

(3)发包人没有按时支付安全文明施工费的,承包人可催告发包人支付;发包人在付款期满后的 7 天内仍未支付的,若发生安全事故,发包人应承担相应责任。

(4)承包人对安全文明施工费应专款专用,在财务账目中应单独列项备查,不得挪作他用,否则发包人有权要求其限期改正;逾期未改正的,造成的损失和延误的工期应由承包人承担。

3. 进度款

(1)发承包双方应按照合同约定的时间、程序和方法,根据工程计量结果,办理期中价款结算,支付进度款。

(2)进度款支付周期应与合同约定的工程计量周期一致。

(3)已标价工程量清单中的单价项目,承包人应按工程计量确认的工程量与综合单价计算;综合单价发生调整的,以发承包双方确认调整的综合单价计算进度款。

(4)已标价工程量清单中的总价项目和按照"总价合同的计量"中(2)的规定形成的总价合同,承包人应按合同中约定的进度款支付分解,分别列入进度款支付申请中的安全文明施工费和本周期应支付的总价项目的金额中。

(5)发包人提供的甲供材料金额,应按照发包人签约提供的单价和数量从进度款支付中扣除,列入本周期应扣减的金额中。

(6)承包人现场签证和得到发包人确认的索赔金额应列入本周期应增加的金额中。

(7)进度款的支付比例按照合同约定,按期中结算价款总额计,不低于 60%,不高于90%。

(8)承包人应在每个计量周期到期后的 7 天内向发包人提交已完工程进度款支付申请一式四份,详细说明此周期认为有权得到的款额,包括分包人已完工程的价款。支付申请应包括下列内容:

1)累计已完成的合同价款。
2)累计已实际支付的合同价款。
3)本周期合计完成的合同价款。
①本周期已完成单价项目的金额。
②本周期应支付的总价项目的金额。
③本周期已完成的计日工价款。
④本周期应支付的安全文明施工费。
⑤本周期应增加的金额。
4)本周期合计应扣减的金额。
①本周期应扣回的预付款。
②本周期应扣减的金额。
5)本周期实际应支付的合同价款。

(9)发包人应在收到承包人进度款支付申请后的 14 天内,根据计量结果和合同约定对申请内容予以核实,确认后向承包人出具进度款支付证书。若发承包双方对部分清单项目的计量结果出现争议,发包人应对无争议部分的工程计量结果向承包人出具进度款支付证书。

(10)发包人应在签发进度款支付证书后的 14 天内,按照支付证书列明的金额向承包人支付进度款。

（11）若发包人逾期未签发进度款支付证书，则视为承包人提交的进度款支付申请已被发包人认可，承包人可向发包人发出催告付款的通知。发包人应在收到通知后的14天内，按照承包人支付申请的金额向承包人支付进度款。

（12）发包人未按照（9）～（11）的规定支付进度款的，承包人可催告发包人支付，并有权获得延迟支付的利息；发包人在付款期满后的7天内仍未支付的，承包人可在付款期满后的第8天起暂停施工。发包人应承担由此增加的费用和延误的工期，向承包人支付合理利润，并应承担违约责任。

（13）发现已签发的任何支付证书有错、漏或重复的数额，发包人有权予以修正，承包人也有权提出修正申请。经发承包双方复核同意修正的，应在本次到期的进度款中支付或扣除。

4.2.8 竣工结算与支付

1. 一般规定

（1）工程完工后。发承包双方必须在合同约定时间内办理工程竣工结算。

（2）工程竣工结算应由承包人或受其委托具有相应资质的工程造价咨询人编制，并应由发包人或受其委托具有相应资质的工程造价咨询人核对。

（3）当发承包双方或一方对工程造价咨询人出具的竣工结算文件有异议时，可向工程造价管理机构投诉，申请对其进行执业质量鉴定。

（4）工程造价管理机构对投诉的竣工结算文件进行质量鉴定，按"工程造价鉴定"相关规定进行。

（5）竣工结算办理完毕，发包人应将竣工结算文件报送工程所在地或有该工程管辖权的行业管理部门的工程造价管理机构备案，竣工结算文件应作为工程竣工验收备案、交付使用的必备文件。

2. 编制与复核

（1）工程竣工结算应根据下列依据编制和复核：

1）《建设工程工程量清单计价规范》（GB 50500—2013）。

2）工程合同。

3）发承包双方实施过程中已确认的工程量及其结算的合同价款。

4）发承包双方实施过程中已确认调整后追加（减）的合同价款。

5）建设工程设计文件及相关资料。

6）投标文件。

7）其他依据。

（2）分部分项工程和措施项目中的单价项目应依据发承包双方确认的工程量与已标价工程量清单的综合单价计算；发生调整的，应以发承包双方确认调整的综合单价计算。

（3）措施项目中的总价项目应依据已标价工程量清单的项目和金额计算；发生调整的，应以发承包双方确认调整的金额计算，其中安全文明施工费应按"工程量清单计价编制一般规定"中"计价方式"(5)的规定计算。

(4)其他项目应按下列规定计价:

1)计日工应按发包人实际签证确认的事项计算。

2)暂估价应按"暂估价"的规定计算。

3)总承包服务费应依据已标价工程量清单金额计算;发生调整的,应以发承包双方确认调整的金额计算。

4)索赔费用应依据发承包双方确认的索赔事项和金额计算。

5)现场签证费用应依据发承包双方签证资料确认的金额计算。

6)暂列金额应减去合同价款调整(包括索赔、现场签证)金额计算,如有余额归发包人。

(5)规费和税金应按"工程量清单计价编制一般规定"中"计价方式"(6)的规定计算。规费中的工程排污费应按工程所在地环境保护部门规定的标准缴纳后按实列入。

(6)发承包双方在合同工程实施过程中已经确认的工程计量结果和合同价款,在竣工结算办理中应直接进入结算。

3. 竣工结算

(1)合同工程完工后,承包人应在经发承包双方确认的合同工程期中价款结算的基础上汇总编制完成竣工结算文件,应在提交竣工验收申请的同时向发包人提交竣工结算文件。

承包人未在合同约定的时间内提交竣工结算文件,经发包人催告后14天内仍未提交或没有明确答复的,发包人有权根据已有资料编制竣工结算文件,作为办理竣工结算和支付结算款的依据,承包人应予以认可。

(2)发包人应在收到承包人提交的竣工结算文件后的28天内核对。发包人经核实,认为承包人还应进一步补充资料和修改结算文件,应在上述时限内向承包人提出核实意见,承包人在收到核实意见后的28天内应按照发包人提出的合理要求补充资料,修改竣工结算文件,并应再次提交给发包人复核后批准。

(3)发包人应在收到承包人再次提交的竣工结算文件后的28天内予以复核,将复核结果通知承包人,并应遵守下列规定:

1)发包人、承包人对复核结果无异议的,应在7天内在竣工结算文件上签字确认,竣工结算办理完毕。

2)发包人或承包人对复核结果认为有误的,无异议部分按照(1)规定办理不完全竣工结算;有异议部分由发承包双方协商解决;协商不成的,应按照合同约定的争议解决方式处理。

(4)发包人在收到承包人竣工结算文件后的28天内,不核对竣工结算或未提出核对意见的,应视为承包人提交的竣工结算文件已被发包人认可,竣工结算办理完毕。

(5)承包人在收到发包人提出的核实意见后的28天内,不确认也未提出异议的,应视为发包人提出的核实意见已被承包人认可,竣工结算办理完毕。

(6)发包人委托工程造价咨询人核对竣工结算的,工程造价咨询人应在28天内核对完毕,核对结论与承包人竣工结算文件不一致的,应提交给承包人复核;承包人应在14天内将同意核对结论或不同意见的说明提交给工程造价咨询人。工程造价咨询人收到承包人提出的异议后,应再次复核,复核无异议的,应按第(3)条第1款的规定办理,复核后仍有异议的,按第(3)条第2款的规定办理。

承包人逾期未提出书面异议的,应视为工程造价咨询人核对的竣工结算文件已经承包人认可。

(7)对发包人或发包人委托的工程造价咨询人指派的专业人员与承包人指派的专业人员经核对后无异议并签名确认的竣工结算文件,除非发承包人能提出具体、详细的不同意见,发承包人都应在竣工结算文件上签名确认,如其中一方拒不签认的,按下列规定办理:

1)若发包人拒不签认的,承包人可不提供竣工验收备案资料,并有权拒绝与发包人或其上级部门委托的工程造价咨询人重新核对竣工结算文件。

2)若承包人拒不签认的,发包人要求办理竣工验收备案的,承包人不得拒绝提供竣工验收资料,否则,由此造成的损失由承包人承担相应责任。

(8)合同工程竣工结算核对完成,发承包双方签字确认后,发包人不得要求承包人与另一个或多个工程造价咨询人重复核对竣工结算。

(9)发包人对工程质量有异议,拒绝办理工程竣工结算的,已竣工验收或已竣工未验收但实际投入使用的工程,其质量争议应按该工程保修合同执行,竣工结算应按合同约定办理;已竣工未验收且未实际投入使用的工程以及停工、停建工程的质量争议,双方应就有争议的部分委托有资质的检测鉴定机构进行检测,并应根据检测结果确定解决方案,或按工程质量监督机构的处理决定执行后办理竣工结算,无争议部分的竣工结算应按合同约定办理。

4. 结算款支付

(1)承包人应根据办理的竣工结算文件向发包人提交竣工结算款支付申请。申请应包括下列内容:

1)竣工结算合同价款总额。

2)累计已实际支付的合同价款。

3)应预留的质量保证金。

4)实际应支付的竣工结算款金额。

(2)发包人应在收到承包人提交竣工结算款支付申请后7天内予以核实,向承包人签发竣工结算支付证书。

(3)发包人签发竣工结算支付证书后的14天内,应按照竣工结算支付证书列明的金额向承包人支付结算款。

(4)发包人在收到承包人提交的竣工结算款支付申请后7天内不予核实,不向承包人签发竣工结算支付证书的,视为承包人的竣工结算款支付申请已被发包人认可;发包人应在收到承包人提交的竣工结算款支付申请7天后的14天内,按照承包人提交的竣工结算款支付申请列明的金额向承包人支付结算款。

(5)发包人未按照(3)、(4)规定支付竣工结算款的,承包人可催告发包人支付,并有权获得延迟支付的利息。发包人在竣工结算支付证书签发后或者在收到承包人提交的竣工结算款支付申请7天后的56天内仍未支付的,除法律另有规定外,承包人可与发包人协商将该工程折价,也可直接向人民法院申请将该工程依法拍卖。承包人应就该工程折价或拍卖的价款优先受偿。

5. 质量保证金

(1)发包人应按照合同约定的质量保证金比例从结算款中预留质量保证金。

(2)承包人未按照合同约定履行属于自身责任的工程缺陷修复义务的,发包人有权从质量保证金中扣除用于缺陷修复的各项支出。经查验,工程缺陷属于发包人原因造成的,应由发包人承担查验和缺陷修复的费用。

(3)在合同约定的缺陷责任期终止后,发包人应按照下文中"最终结清"的规定,将剩余的质量保证金返还给承包人。

6. 最终结清

(1)缺陷责任期终止后,承包人应按照合同约定向发包人提交最终结清支付申请。发包人对最终结清支付申请有异议的,有权要求承包人进行修正和提供补充资料。承包人修正后,应再次向发包人提交修正后的最终结清支付申请。

(2)发包人应在收到最终结清支付申请后的14天内予以核实,并应向承包人签发最终结清支付证书。

(3)发包人应在签发最终结清支付证书后的14天内,按照最终结清支付证书列明的金额向承包人支付最终结清款。

(4)发包人未在约定的时间内核实,又未提出具体意见的,应视为承包人提交的最终结清支付申请已被发包人认可。

(5)发包人未按期最终结清支付的,承包人可催告发包人支付,并有权获得延迟支付的利息。

(6)最终结清时,承包人被预留的质量保证金不足以抵减发包人工程缺陷修复费用的,承包人应承担不足部分的补偿责任。

(7)承包人对发包人支付的最终结清款有异议的,应按照合同约定的争议解决方式处理。

4.2.9　合同解除的价款结算与支付

(1)发承包双方协商一致解除合同的,应按照达成的协议办理结算和支付合同价款。

(2)由于不可抗力致使合同无法履行解除合同的,发包人应向承包人支付合同解除之日前已完成工程但尚未支付的合同价款,此外,还应支付下列金额:

1)"提前竣工(赶工补偿)"(1)的规定的由发包人承担的费用。

2)已实施或部分实施的措施项目应付价款。

3)承包人为合同工程合理订购且已交付的材料和工程设备货款。

4)承包人撤离现场所需的合理费用,包括员工遣送费和临时工程拆除、施工设备运离现场的费用。

5)承包人为完成合同工程而预期开支的任何合理费用,且该项费用未包括在本款其他各项支付之内。

发承包双方办理结算合同价款时,应扣除合同解除之日前发包人应向承包人收回的价款。当发包人应扣除的金额超过了应支付的金额,承包人应在合同解除后的 56 天内将其差额退还给发包人。

(3)因承包人违约解除合同的,发包人应暂停向承包人支付任何价款。发包人应在合同解除后 28 天内核实合同解除时承包人已完成的全部合同价款以及按施工进度计划已运至现场的材料和工程设备货款,按合同约定核算承包人应支付的违约金以及造成损失的索赔金额,并将结果通知承包人。发承包双方应在 28 天内予以确认或提出意见,并应办理结算合同价款。如果发包人应扣除的金额超过了应支付的金额,承包人应在合同解除后的 56 天内将其差额退还给发包人。发承包双方不能就解除合同后的结算达成一致的,按照合同约定的争议解决方式处理。

(4)因发包人违约解除合同的,发包人除应按照(2)的规定向承包人支付各项价款外,应按合同约定核算发包人应支付的违约金以及给承包人造成损失或损害的索赔金额费用。该笔费用应由承包人提出,发包人核实后应与承包人协商确定后的 7 天内向承包人签发支付证书。协商不能达成一致的,应按照合同约定的争议解决方式处理。

4.2.10　合同价款争议的解决

1. 监理或造价工程师暂定

(1)若发包人和承包人之间就工程质量、进度、价款支付与扣除、工期延期、索赔、价款调整等发生任何法律上、经济上或技术上的争议,首先应根据已签约合同的规定,提交合同约定职责范围内的总监理工程师或造价工程师解决,并应抄送另一方。总监理工程师或造价工程师在收到此提交件后 14 天内应将暂定结果通知发包人和承包人。发承包双方对暂定结果认可的,应以书面形式予以确认,暂定结果成为最终决定。

(2)发承包双方在收到总监理工程师或造价工程师的暂定结果通知之后的 14 天内未对暂定结果予以确认也未提出不同意见的,应视为发承包双方已认可该暂定结果。

(3)发承包双方或一方不同意暂定结果的,应以书面形式向总监理工程师或造价工程师提出,说明自己认为正确的结果,同时抄送另一方,此时该暂定结果成为争议。在暂定结果对发承包双方当事人履约不产生实质影响的前提下,发承包双方应实施该结果,直到按照发承包双方认可的争议解决办法被改变为止。

2. 管理机构的解释或认定

(1)合同价款争议发生后,发承包双方可就工程计价依据的争议以书面形式提请工程造价管理机构对争议以书面文件进行解释或认定。

(2)工程造价管理机构应在收到申请的 10 个工作日内就发承包双方提请的争议问题进行解释或认定。

(3)发承包双方或一方在收到工程造价管理机构书面解释或认定后仍可按照合同约定的争议解决方式提请仲裁或诉讼。除工程造价管理机构的上级管理部门作出了不同的解释或认定,或在仲裁裁决或法院判决中不予采信的外,工程造价管理机构作出的书面解释或认定应为最终结果,并应对发承包双方均有约束力。

3. 协商和解

(1)合同价款争议发生后,发承包双方任何时候都可以进行协商。协商达成一致的,双方应签订书面和解协议,和解协议对发承包双方均有约束力。

(2)如果协商不能达成一致协议,发包人或承包人都可以按合同约定的其他方式解决争议。

4. 调解

(1)发承包双方应在合同中约定或在合同签订后共同约定争议调解人,负责双方在合同履行过程中发生争议的调解。

(2)合同履行期间,发承包双方可协议调换或终止任何调解人,但发包人或承包人都不能单独采取行动。除非双方另有协议,在最终结清支付证书生效后,调解人的任期应即终止。

(3)如果发承包双方发生了争议,任何一方可将该争议以书面形式提交调解人,并将副本抄送另一方,委托调解人调解。

(4)发承包双方应按照调解人提出的要求,给调解人提供所需要的资料、现场进入权及相应设施。调解人应被视为不是在进行仲裁人的工作。

(5)调解人应在收到调解委托后28天内或由调解人建议并经发承包双方认可的其他期限内提出调解书,发承包双方接受调解书的,经双方签字后作为合同的补充文件,对发承包双方均具有约束力,双方都应立即遵照执行。

(6)当发承包双方中任一方对调解人的调解书有异议时,应在收到调解书后28天内向另一方发出异议通知,并应说明争议的事项和理由。但除非并直到调解书在协商和解或仲裁裁决、诉讼判决中作出修改,或合同已经解除,承包人应继续按照合同实施工程。

(7)当调解人已就争议事项向发承包双方提交了调解书,而任一方在收到调解书后28天内均未发出表示异议的通知时,调解书对发承包双方应均具有约束力。

5. 仲裁、诉讼

(1)发承包双方的协商和解或调解均未达成一致意见,其中的一方已就此争议事项根据合同约定的仲裁协议申请仲裁,应同时通知另一方。

(2)仲裁可在竣工之前或之后进行,但发包人、承包人、调解人各自的义务不得因在工程实施期间进行仲裁而有所改变。当仲裁是在仲裁机构要求停止施工的情况下进行时,承包人应对合同工程采取保护措施,由此增加的费用应由败诉方承担。

(3)在1~4的期限之内,暂定或和解协议或调解书已经有约束力的情况下,当发承包中一方未能遵守暂定或和解协议或调解书时,另一方可在不损害他可能具有的任何其他权利的情况下,将未能遵守暂定或不执行和解协议或调解书达成的事项提交仲裁。

(4)发包人、承包人在履行合同时发生争议,双方不愿和解、调解或者和解、调解不成,又没有达成仲裁协议的,可依法向人民法院提起诉讼。

4.2.11　工程造价鉴定

1. 一般鉴定

(1)在工程合同价款纠纷案件处理中,需作工程造价司法鉴定的,应委托具有相应资质的工程造价咨询人进行。

(2)工程造价咨询人接受委托时提供工程造价司法鉴定服务,应按仲裁、诉讼程序和要求进行,并应符合国家关于司法鉴定的规定。

(3)工程造价咨询人进行工程造价司法鉴定时,应指派专业对口、经验丰富的注册造价工程师承担鉴定工作。

(4)工程造价咨询人应在收到工程造价司法鉴定资料后10天内,根据自身专业能力和证据资料判断能否胜任该项委托,如不能,应辞去该项委托。工程造价咨询人不得在鉴定期满后以上述理由不作出鉴定结论,影响案件处理。

(5)接受工程造价司法鉴定委托的工程造价咨询人或造价工程师如是鉴定项目一方当事人的近亲属或代理人、咨询人以及其他关系可能影响鉴定公正的,应当自行回避;未自行回避,鉴定项目委托人以该理由要求其回避的,必须回避。

(6)工程造价咨询人应当依法出庭接受鉴定项目当事人对工程造价司法鉴定意见书的质询。如确因特殊原因无法出庭的,经审理该鉴定项目的仲裁机关或人民法院准许,可以书面形式答复当事人的质询。

2. 取证

(1)工程造价咨询人进行工程造价鉴定工作时,应自行收集以下(但不限于)鉴定资料:

1)适用于鉴定项目的法律、法规、规章、规范性文件以及规范、标准、定额。

2)鉴定项目同时期同类型工程的技术经济指标及其各类要素价格等。

(2)工程造价咨询人收集鉴定项目的鉴定依据时,应向鉴定项目委托人提出具体书面要求,其内容包括:

1)与鉴定项目相关的合同、协议及其附件。

2)相应的施工图纸等技术经济文件。

3)施工过程中的施工组织、质量、工期和造价等工程资料。

4)存在争议的事实及各方当事人的理由。

5)其他有关资料。

(3)工程造价咨询人在鉴定过程中要求鉴定项目当事人对缺陷资料进行补充的,应征得鉴定项目委托人同意,或者协调鉴定项目各方当事人共同签认。

(4)根据鉴定工作需要现场勘验的,工程造价咨询人应提请鉴定项目委托人组织各方当事人对被鉴定项目所涉及的实物标的进行现场勘验。

(5)勘验现场应制作勘验记录、笔录或勘验图表,记录勘验的时间、地点、勘验人、在场人、勘验经过、结果,由勘验人、在场人签名或者盖章确认。绘制的现场图应注明绘制的时间、测绘人姓名、身份等内容。必要时应采取拍照或摄像取证,留下影像资料。

（6）鉴定项目当事人未对现场勘验图表或勘验笔录等签字确认的，工程造价咨询人应提请鉴定项目委托人决定处理意见，并在鉴定意见书中作出表述。

3. 鉴定

（1）工程造价咨询人在鉴定项目合同有效的情况下应根据合同约定进行鉴定，不得任意改变双方合法的合意。

（2）工程造价咨询人在鉴定项目合同无效或合同条款约定不明确的情况下应根据法律法规、相关国家标准和《建设工程工程量清单计价规范》（GB 50500—2013）的规定，选择相应专业工程的计价依据和方法进行鉴定。

（3）工程造价咨询人出具正式鉴定意见书之前，可报请鉴定项目委托人向鉴定项目各方当事人发出鉴定意见书征求意见稿，并指明应书面答复的期限及其不答复的相应法律责任。

（4）工程造价咨询人收到鉴定项目各方当事人对鉴定意见书征求意见稿的书面复函后，应对不同意见认真复核，修改完善后再出具正式鉴定意见书。

（5）工程造价咨询人出具的工程造价鉴定书应包括下列内容：

1）鉴定项目委托人名称、委托鉴定的内容。

2）委托鉴定的证据材料。

3）鉴定的依据及使用的专业技术手段。

4）对鉴定过程的说明。

5）明确的鉴定结论。

6）其他需说明的事宜。

7）工程造价咨询人盖章及注册造价工程师签名盖执业专用章。

（6）工程造价咨询人应在委托鉴定项目的鉴定期限内完成鉴定工作，如确因特殊原因不能在原定期限内完成鉴定工作时，应按照相应法规提前向鉴定项目委托人申请延长鉴定期限，并应在此期限内完成鉴定工作。

经鉴定项目委托人同意等待鉴定项目当事人提交、补充证据的，质证所用的时间不应计入鉴定期限。

（7）对于已经出具的正式鉴定意见书中有部分缺陷的鉴定结论，工程造价咨询人应通过补充鉴定作出补充结论。

4.2.12　工程计价资料与档案

1. 计价资料

（1）发承包双方应当在合同中约定各自在合同工程中现场管理人员的职责范围，双方现场管理人员在职责范围内签字确认的书面文件是工程计价的有效凭证，但如有其他有效证据或经实证证明其是虚假的除外。

（2）发承包双方不论在何种场合对与工程计价有关的事项所给予的批准、证明、同意、指令、商定、确定、确认、通知和请求，或表示同意、否定、提出要求和意见等，均应采用书面形式，口头指令不得作为计价凭证。

(3)任何书面文件送达时,应由对方签收,通过邮寄应采用挂号、特快专递传送,或以发承包双方商定的电子传输方式发送,交付、传送或传输至指定的接收人的地址。如接收人通知了另外地址时,随后通信信息应按新地址发送。

(4)发承包双方分别向对方发出的任何书面文件,均应将其抄送现场管理人员,如系复印件应加盖合同工程管理机构印章,证明与原件相同。双方现场管理人员向对方所发任何书面文件,也应将其复印件发送给发承包双方,复印件应加盖合同工程管理机构印章,证明与原件相同。

(5)发承包双方均应当及时签收另一方送达其指定接收地点的来往信函,拒不签收的,送达信函的一方可以采用特快专递或者公证方式送达,所造成的费用增加(包括被迫采用特殊送达方式所发生的费用)和延误的工期由拒绝签收一方承担。

(6)书面文件和通知不得扣压,一方能够提供证据证明另一方拒绝签收或已送达的,应视为对方已签收并应承担相应责任。

2. 计价档案

(1)发承包双方以及工程造价咨询人对具有保存价值的各种载体的计价文件,均应收集齐全,整理立卷后归档。

(2)发承包双方和工程造价咨询人应建立完善的工程计价档案管理制度,并应符合国家和有关部门发布的档案管理相关规定。

(3)工程造价咨询人归档的计价文件,保存期不宜少于五年。

(4)归档的工程计价成果文件应包括纸质原件和电子文件,其他归档文件及依据可为纸质原件、复印件或电子文件。

(5)归档文件应经过分类整理,并应组成符合要求的案卷。

(6)归档可以分阶段进行,也可以在项目竣工结算完成后进行。

(7)向接受单位移交档案时,应编制移交清单,双方应签字、盖章后方可交接。

5　建筑工程工程量计算

5.1　建筑工程定额工程量计算

5.1.1　土石方工程

1.基础定额说明

（1）人工土石方。

1）土壤及岩石分类：详见表5.1。表列Ⅰ、Ⅱ类为定额中一、二类土壤（普通土）；Ⅲ类为定额中三类土壤（坚土）；Ⅳ类为定额中四类土壤（砂砾坚土）。人工挖地槽、地坑定额深度最深为6 m，超过6 m时，可另作补充定额。

表5.1　土壤及岩石（普氏）分类表

定额分类	普氏分类	土壤及岩石名称	天然湿度下平均容重/(kg/m³)	极限压碎强度/(kg/cm²)	用轻钻孔机钻进1 m耗时/min	开挖方法及工具	紧固系数 f
一、二类土壤	Ⅰ	砂	1 500	—	—	用尖锹开挖	0.5~0.6
		砂壤土	1 600				
		腐殖土	1 200				
		泥炭	600				
	Ⅱ	轻壤和黄土类土	1 600	—	—	用锹开挖并少数用镐开挖	0.6~0.8
		潮湿而松散的黄土，软的盐渍土和碱土	1 600				
		平均15 mm以内的松散而软的砾石	1 700				
		含有草根的实心密实腐殖土	1 400				
		含有直径在30 mm以内根类的泥炭和腐殖土	1 100				
		掺有卵石、碎石和石屑的砂和腐殖土	1 650				
		含有卵石或碎石杂质的胶结成块的填土	1 750	—	—		
		含有卵石、碎石和建筑料杂质的砂壤土	1 900				

续表 5.1

定额分类	普氏分类	土壤及岩石名称	天然湿度下平均容重/(kg/m³)	极限压碎强度/(kg/cm²)	用轻钻孔机钻进1 m耗时/min	开挖方法及工具	紧固系数 f
三类土壤	Ⅲ	肥黏土其中包括石炭纪、侏罗纪的黏土和冰黏土	1 800	—	—	用尖锹并同时用镐开挖(30%)	0.8 ~ 1.0
		重壤土、粗砾石,粒径为15 ~ 40 mm的碎石和卵石	1 750				
三类土壤	Ⅲ	干黄土和掺有碎石或卵石的自然含水量黄土	1 790	—	—	用尖锹并同时用镐开挖(30%)	0.8 ~ 1.0
		含有直径大于30 mm根类的腐殖土或泥炭	1 400				
		掺有碎石或卵石和建筑碎料的土壤	1 900				
四类土壤	Ⅳ	土含碎石重黏土其中包括侏罗纪和石英纪的硬黏土	1 950	—		用尖锹并同时用镐和撬棍开挖(30%)	1.0 ~ 1.5
		含有碎石、卵石、建筑碎料和重达25 kg的顽石(总体积10%以内)等杂质的肥黏土和重壤土	1 950				
		冰渍黏土,含有重量在50 kg以内的巨砾,其含量为总体积10%以内	2 000				
		泥板岩	2 000				
		不含或含有重达10 kg的顽石	1 950				
松石	Ⅴ	含有重量在50 kg以内的巨砾(占体积10%以上)的冰渍石	2 100	小于200	小于3.5	部分用手凿工具,部分用爆破来开挖	1.5 ~ 2.0
		矽藻岩和软白垩岩	1 800				
		胶结力弱的砾岩	1 900				
		各种不坚实的片岩	2 600				
		石膏	2 200				
次坚石	Ⅵ	凝灰岩和浮石	1 100	200 ~ 400	3.5	用风镐和爆破法开挖	2 ~ 4
		松软多孔和裂隙严重的石灰岩和介质石灰岩	1 200				
		中等硬变的片岩	2 700				
		中等硬变的泥灰岩	2 300				
	Ⅶ	石灰石胶结的带有卵石和沉积岩的砾石	2 200	400 ~ 600	6.0	用爆破方法开挖	4 ~ 6

续表 5.1

定额分类	普氏分类	土壤及岩石名称	天然湿度下平均容重/(kg/m³)	极限压碎强度/(kg/cm²)	用轻钻孔机钻进1 m耗时/min	开挖方法及工具	紧固系数 f
次坚石	VII	风化的和有大裂缝的黏土质砂岩	2 000	400 ~ 600	6.0		4 ~ 6
		坚实的泥板岩	2 800				
		坚实的泥灰岩	2 500				
	VIII	砾质花岗岩	2 300	600 ~ 800	8.5		6 ~ 8
		泥灰质石灰岩	2 300				
		黏土质砂岩	2 200				
		砂质云母片岩	2 300				
		硬石膏	2 900				
普坚石	IX	严重风化的软弱的花岗岩、片麻岩和正长岩	2 500	800 ~ 1 000	11.5	用爆破方法开挖	8 ~ 10
		滑石化的蛇纹岩	2 400				
		致密的石灰岩	2 500				
		含有卵石、沉积岩的渣质胶结的砾岩	2 500				
		砂岩	2 500				
		砂质石灰质片岩	2 500				
		菱镁矿	3 000				
	X	白云石	2 700	1 000 ~ 1 200	15.0		10 ~ 12
		坚固的石灰岩	2 700				
		大理石	2 700				
		石灰胶结的致密砾石	2 600				
		坚固砂质片岩	2 600				
特坚石	XI	粗花岗岩	2 800	1 200 ~ 1 400	18.5		12 ~ 14
		非常坚硬的白云岩	2 900				
		蛇纹岩	2 600				
		石灰质胶结的含有火成岩之卵石的砾石	2 800				
		石英胶结的坚固砂岩	2 700				
		粗粒正长岩	2 700				

续表 5.1

定额分类	普氏分类	土壤及岩石名称	天然湿度下平均容重/(kg/m³)	极限压碎强度/(kg/cm²)	用轻钻孔机钻进1 m耗时/min	开挖方法及工具	紧固系数 f
特坚石	XII	具有风化痕迹的安山岩和玄武岩	2 700	1 400 ~ 1 600	22.0	用爆破方法开挖	14 ~ 16
		片麻岩	2 600				
		非常坚固的石灰岩	2 900				
		硅质胶结的含有火成岩之卵石的砾石	2 900				
		粗石岩	2 600				
	XⅢ	中粒花岗岩	3 100	1 600 ~ 1 800	27.5		16 ~ 18
		坚固的片麻岩	2 800				
		辉绿岩	2 700				
		玢岩	2 500				
		坚固的粗面岩	2 800				
		中粒正长岩	2 800				
	XⅣ	非常坚硬的细粒花岗岩	3 300	1 800 ~ 2 000	32.5		18 ~ 20
		花岗岩麻岩	2 900				
		闪长岩	2 900				
		高硬度的石灰岩	3 100				
		坚固的玢岩	2 700				
	XV	安山岩、玄武岩、坚固的角页岩	3 100	2 000 ~ 2 500	46.0		20 ~ 25
		高硬度的辉绿岩和闪长岩	2 900				
		坚固的辉长岩和石英岩	2 800				
	XVI	拉长玄武岩和橄榄玄武岩	3 300	大于2 500	大于60		大于25
		特别坚固的辉长辉绿岩、石英石和玢岩	3 300				

2)人工土方定额是按干土编制的,如挖湿土时,人工乘以系数 1.18。干湿的划分,应根据地质勘测资料以地下常水位为准划分,地下常水位以上为干土,以下为湿土。

3)人工挖孔桩定额,适用于在有安全防护措施的条件下施工。

4)定额中不包括地下水位以下施工的排水费用,发生时另行计算。挖土方时如有地表水需要排除时,也应另行计算。

5)支挡土板定额项目分为密撑和疏撑,密撑是指满支挡土板;疏撑是指间隔支挡土板,实际间距不同时,定额不做调整。

6)在有挡土板支撑下挖土方时,按实挖体积,人工乘系数 1.43。

7)挖桩间土方时,按实挖体积(扣除桩体占用体积),人工乘以系数 1.5。

8)人工挖孔桩,桩内垂直运输方式按人工考虑。如深度超过 12 m 时,16 m 以内按 12 m 项目人工用量乘以系数 1.3;20 m 以内乘以系数 1.5 计算。同一孔内土壤类别不同时,按定额加权计算,如遇有流砂、淤泥时,另行处理。

9)场地竖向布置挖填土方时,不再计算平整场地的工程量。

10)石方爆破定额是按炮眼法松动爆破编制的,不分明炮、闷炮,但闷炮的覆盖材料应另行计算。

11)石方爆破定额是按电雷管导电起爆编制的,如采用火雷管爆破时,雷管应换算,数量不变。扣除定额中的胶质导线,换为导火索,导火索的长度按每个雷管 2.12 m 计算。

(2)机械土石方。

1)岩石分类,详见表 5.1。表列 V 类为定额中松石,Ⅵ~Ⅷ类为定额中次坚石;Ⅸ、Ⅹ类为定额中普坚石;Ⅺ~Ⅹ Ⅵ类为特坚石。

2)推土机推土、推石碴,铲运机铲运土重车上坡时,如果坡度大于 5% 时,其运距按坡度区段斜长乘以坡度系数计算,坡度系数见表 5.2。

表 5.2　坡度系数

坡度/%	5~10	15 以内	20 以内	25 以内
系数	1.75	2.0	2.25	2.50

3)汽车、人力车、重车上坡降效因素,已综合在相应的运输定额项目中,不再另行计算。

4)机械挖土方工程量,按机械挖土方 90%,人工挖土方 10% 计算,人工挖土部分按相应定额项目人工乘以系数 2。

5)土壤含水率定额是以天然含水率为准制定的:

含水率大于 25% 时,定额人工、机械乘以系数 1.15,若含水率大于 40% 时另行计算。

6)推土机推土或铲运机铲土土层平均厚度小于 300 mm 时,推土机台班用量乘以系数 1.25;铲运机台班用量乘以系数 1.17。

7)挖掘机在垫板上进行作业时,人工、机械乘以系数 1.25,定额内不包括垫板铺设所需的工料、机械消耗。

8)推土机、铲运机,推、铲未经压实的积土时,按定额项目乘以系数 0.73。

9)机械土方定额是按三类土编制的,如实际土壤类别不同时,定额中机械台班量乘以表 5.3 中的系数。

表 5.3　机械台班系数

项目	一、二类土壤	四类土壤
推土机推土方	0.84	1.18
铲运机铲运土方	0.84	1.26
自行铲运机铲土方	0.86	1.09
挖掘机挖土方	0.84	1.14

10)定额中的爆破材料是按炮孔中无地下渗水、积水编制的,炮孔中若出现地下渗水、积水时,处理渗水或积水发生的费用另行计算。定额内未计爆破时所需覆盖的安全网、草袋、架设安全屏障等设施,发生时另行计算。

11)机械上下行驶坡道土方,合并在土方工程量内计算。

12)汽车运土运输道路是按一、二、三类道路综合确定的,已考虑了运输过程中道路清理的人工,如需要铺筑材料时,另行计算。

2.计算规则

(1)土方工程。

1)一般规定。

①土方体积,均以挖掘前的天然密实体积为准计算。如遇有必须以天然密实体积折算时,可按表5.4所列数值换算。

表5.4　土方体积折算系数表

天然密实度体积	虚方体积	夯实后体积	松填体积
0.77	1.00	0.67	0.83
1.00	1.30	0.87	1.08
1.15	1.50	1.00	1.25
0.92	1.20	0.80	1.00

注:1.虚方指未经碾压、堆积时间≤1年的土壤。

2.本表按《全国统一建筑工程预算工程量计算规则》(GJDGZ—101—1995)整理。

3.设计密实度超过规定的,填方体积按工程设计要求执行;无设计要求按各省、自治区、直辖市或行业建设行政主管部门规定的系数执行。

②挖土一律以设计室外地坪标高为准计算。

2)平整场地及碾压工程量计算。

①人工平整场地是指建筑场地挖、填土方厚度在±30 cm以内找平。挖、填土方厚度超过±30 cm以外时,按场地土方平衡竖向布置图另行计算。

②平整场地工程量按建筑物外墙外边线每边各加2 m,以平方米计算。

③建筑场地原土碾压以平方米计算,填土碾压按图示填土厚度以立方米计算。

3)挖掘沟槽、基坑土方工程量计算

①沟槽、基坑划分:

凡图示沟槽底宽在3 m以内,且沟槽长大于槽宽3倍以上的为沟槽。

凡图示基坑底面积在20 m²以内的为基坑。

凡图示沟槽底宽3 m以外,坑底面积20 m²以外,平整场地挖土方厚度在30 cm以外,均按挖土方计算。

②计算挖沟槽、基坑、土方工程量需放坡时,放坡系数按表5.5规定计算。

表5.5 放坡系数表

土类别	放坡起点/m	人工挖土	机械挖土		
			在坑内作业	在坑上作业	顺沟槽在坑上作业
一、二类土	1.20	1：0.5	1：0.33	1：0.75	1：0.5
三类土	1.50	1：0.33	1：0.25	1：0.67	1：0.33
四类土	2.00	1：0.25	1：0.10	1：0.33	1：0.25

注：1.沟槽、基坑中土类别不同时，分别按其放坡起点、放坡系数、依不同土类别厚度加权平均计算。

2.计算放坡时，在交接处的重复工程量不予扣除，原槽、坑作基础垫层时，放坡自垫层上表面开始计算。

③挖沟槽、基坑需支挡土板时，其宽度按图示沟槽、基坑底宽，单面加10 cm，双面加20 cm计算。挡土板面积，按槽、坑垂直支撑面积计算，支挡土板后，不得再计算放坡。

④基础施工所需工作面，按表5.6规定计算。

表5.6 基础施工所需工作面宽度计算表

基础材料	每边各增加工作面宽度/mm
砖基础	200
浆砌毛石、条石基础	150
混凝土基础垫层支模板	300
混凝土基础支模板	300
基础垂直面做防水层	1 000（防水层面）

注：本表按《全国统一建筑工程预算工程量计算规则》（GJDGZ—101—1995）整理。

⑤挖沟槽长度，外墙按图示中心线长度计算；内墙按图示基础底面之间净长线长度计算；内外突出部分(垛、附墙烟囱等)体积并入沟槽土方工程量内计算。

⑥人工挖土方深度超过1.5 m时，按表5.7增加工日。

表5.7 人工挖土方超深增加工日

深2 m以内	深4 m以内	深6 m以内
5.55工日	17.60工日	26.16工日

⑦挖管道沟槽按图示中心线长度计算，沟底宽度，设计有规定的，按设计规定尺寸计算，设计无规定的，可按表5.8规定宽度计算。

表5.8 管道地沟沟底宽度计算

管径/mm	铸铁管、钢管石棉水泥管	混凝土、钢筋混凝土、预应力混凝土管	陶土管
50～70	0.60	0.80	0.70
100～200	0.70	0.90	0.80
250～350	0.80	1.00	0.90
400～450	1.00	1.30	1.10

续表 5.8

管径/mm	铸铁管、钢管石棉水泥管	混凝土、钢筋混凝土、预应力混凝土管	陶土管
500 ~ 600	1.30	1.50	1.40
700 ~ 800	1.60	1.80	—
900 ~ 1 000	1.80	2.00	—
1 100 ~ 1 200	2.00	2.30	—
1 300 ~ 1 400	2.20	2.60	—

注:1.按上表计算管道沟土方工程量时,各种井类及管道(不含铸铁给排水管)接口等处需加宽增加的土方量不另行计算,底面积大于 20 m² 的井类,其增加工程量并入管沟土方内计算。

2.铺设铸铁给排水管道时其接口等处土方增加量,可按铸铁给排水管道地沟土方总量的 2.5% 计算。

⑧沟槽、基坑深度,按图示槽、坑底面至室外地坪深度计算;管道地沟按图示沟底至室外地坪深度计算。

4)人工挖孔桩土方工程量计算:按图示桩断面积乘以设计桩孔中心线深度计算。

5)井点降水工程量计算:井点降水区别轻型井点、喷射井点、大口径井点、电渗井点、水平井点,按不同井管深度的井管安装、拆除,以根为单位计算,使用按套、天计算。

井点套组成:

①轻型井点:50 根为 1 套。

②喷射井点:30 根为 1 套。

③大口径井点:45 根为 1 套。

④电渗井点阳极:30 根为 1 套。

⑤水平井点:10 根为 1 套。

井管间距应根据地质条件和施工降水要求,依施工组织设计确定,施工组织设计没有规定时,可按轻型井点管距 0.8 ~ 1.6 m,喷射井点管距 2 ~ 3 m 确定。

使用天数应以每昼夜 24 h 为一天,使用天数应按施工组织设计规定的使用天数计算。

(2)石方工程。岩石开凿及爆破工程量,按不同石质采用不同方法计算:

1)人工凿岩石,按图示尺寸以立方米计算。

2)爆破岩石按图示尺寸以立方米计算,其沟槽、基坑深度、宽度允许超挖量:次坚石为 200 mm,特坚石为 150 mm,超挖部分岩石并入岩石挖方量之内计算。

(3)土石方运输与回填工程。

1)土(石)方回填。土(石)方回填土区分夯填、松填,按图示回填体积并依下列规定,以立方米计算。

①沟槽、基坑回填土。沟槽、基坑回填体积以挖方体积减去设计室外地坪以下埋设砌筑物(包括:基础垫层、基础等)体积计算。

②管道沟槽回填。管道沟槽回填,以挖方体积减去管径所占体积计算。管径在 500 mm 以下的不扣除管道所占体积;管径超过 500 mm 以上时,按表 5.9 规定扣除管道所

占体积计算。

表 5.9　管道扣除土方体积表

管道直径/mm	钢管	铸铁管	混凝土管
501～600	0.21	0.24	0.33
601～800	0.44	0.49	0.60
801～1 000	0.71	0.77	0.92
1 001～1 200	—	—	1.15
1 201～1 400	—	—	1.35
1 401～1 600	—	—	1.55

③房心回填土,按主墙之间的面积乘以回填土厚度计算。

④余土或取土工程量,可按下式计算:

$$余土外运体积 = 挖土总体积 - 回填土总体积 \qquad (5.1)$$

当计算结果为正值时,为余土外运体积,负值时为取土体积。

⑤地基强夯按设计图示强夯面积,区分夯击能量,夯击遍数以 m^2 计算。

2)土方运距计算规则。

①推土机推土运距:按挖方区重心至回填区重心之间的直线距离计算。

②铲运机运土运距:按挖方区重心至卸土区重心加转向距离 45 m 计算。

③自卸汽车运土运距:按挖方区重心至填土区(或堆放地点)重心的最短距离计算。

【例 5.1】　某挖地槽土方示意图如图 5.1 所示,槽长 80 m、槽深 3 m,土质为三类土,砌毛石基础 60 cm,其工作面宽度每边增加 15 cm,试计算挖地槽土方体积。

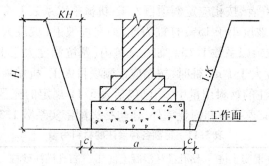

图 5.1　挖地槽土方示意图

【解】　因为土质为三类土,所以 $K = 0.33$

$$V/m^3 = H(a + 2c + KH)L = 80 \times 3 \times (0.6 + 2 \times 0.15 + 0.33 \times 3) = 453.6$$

5.1.2　桩基工程

1.基础定额说明

(1)定额适用于一般工业与民用建筑工程的桩基础,不适用于水工建筑、公路桥梁工程。

（2）定额中土壤级别划分应根据工程地质资料中的土层构造和土壤物理、力学性能的有关指标,参考纯沉桩时间确定。凡遇有砂夹层者,应首先按砂层情况确定土级。无砂层者,按土壤物理力学性能指标并参考每米平均纯沉桩时间确定。用土壤力学性能指标鉴别土的级别时,桩长在 12 m 以内,相当于桩长的 1/3 的土层厚度应达到所规定的指标。12 m 以外,按 5 m 厚度确定。

（3）除静力压桩外,均未包括接桩,如需接桩,除按相应打桩定额项目计算外,按设计要求另计算接桩项目。

（4）单位工程打（灌）桩工程量在表 5.10 规定数量以内时,其人工、机械量按相应定额项目乘以系数 1.25 计算。

表 5.10　单位工程打（灌）桩工程量

项目	单位工程的工程量	项目	单位工程的工程量
钢筋混凝土方桩	150 m^3	打孔灌注混凝土桩	60 m^3
钢筋混凝土管桩	50 m^3	打孔灌注砂、石桩	60 m^3
钢筋混凝土板桩	50 m^3	钻孔灌注混凝土桩	100 m^3
钢板桩	50 t	潜水钻孔灌注混凝土桩	100 m^3

（5）焊接桩接头钢材用量,设计与定额用量不同时,可按设计用量换算。

（6）打试验桩按相应定额项目的人工、机械乘以系数 2 计算。

（7）打桩、打孔,桩间净距小于 4 倍桩径（桩边长）的,按相应定额项目中的人工、机械乘以系数 1.13。

（8）定额以打直桩为准,如打斜桩斜度在 1 ∶ 6 以内者,按相应定额项目乘以系数 1.25,如斜度大于 1 ∶ 6 者,按相应定额项目人工、机械乘以系数 1.43。

（9）定额以平地（坡度小于 15°）打桩为准,如在堤坡上（坡度大于 15°）打桩时,按相应定额项目人工、机械乘以系数 1.15。如在基坑内（基坑深度大于 1.5 m）打桩或在地坪上打坑槽内（坑槽深度大于 1 m）桩时,按相应定额项目人工、机械乘以系数 1.11。

（10）定额各种灌注的材料用量中,均已包括表 5.11 规定的充盈系数和材料损耗,其中灌注砂石桩除上述充盈系数和损耗率外,还包括级配密实系数 1.334。

表 5.11　定额各种灌注的材料用量

项目名称	打孔灌注混凝土桩	钻孔灌注混凝土桩	打孔灌注砂桩	打孔灌注砂石桩
充盈系数	1.25	1.30	1.30	1.30
损耗率/%	1.5	1.5	3	3

（11）在桩间补桩或强夯后的地基打桩时,按相应定额项目人工、机械乘以系数 1.15。

（12）打送桩时可按相应打桩定额项目综合工日及机械台班乘以表 5.12 规定系数计算。

表 5.12 送桩深度系数

送桩深度	2 m 以内	4 m 以内	4 m 以上
系数	1.25	1.43	1.67

（13）金属周转材料中包括桩帽、送桩器、桩帽盖、活瓣桩尖、钢管、料斗等属于周转性使用的材料。

2.计算规则

（1）计算打桩（灌注桩）工程量前应确定下列事项：

1）确定土质级别：依工程地质资料中的土层构造，土的物理、化学性质及每米沉桩时间鉴别适用定额土质级别。

2）确定施工方法、工艺流程，采用机型，桩、土的泥浆运距。

（2）打预制钢筋混凝土桩的体积，按设计桩长（包括桩尖，不扣除桩尖虚体积）乘以桩截面面积计算。管桩的空心体积应扣除。如管桩的空心部分按设计要求灌注混凝土或其他填充材料时，应另行计算。

（3）接桩：电焊接桩按设计接头，以个计算，硫磺胶泥接桩截面以平方米计算。

（4）送桩：按桩截面面积乘以送桩长度（即打桩架底至桩顶面高度或自桩顶面至自然地坪面另加 0.5 m）计算。

（5）打拔钢板桩按钢板桩质量以吨计算。

（6）打孔灌注桩：

1）混凝土桩、砂桩、碎石桩的体积，按设计规定的桩长（包括桩尖，不扣除桩尖虚体积）乘以钢管管箍外径截面面积计算。

2）扩大桩的体积按单桩体积乘以次数计算。

3）打孔后先埋入预制混凝土桩尖，再灌注混凝土者，桩尖按《全国统一建筑工程预算工程量计算规则》（GJDGZ—101—1995）中的钢筋混凝土章节规定计算体积，灌注桩按设计长度（自桩尖顶面至桩顶面高度）乘以钢管管箍外径截面面积计算。

（7）钻孔灌注桩，按设计桩长（包括桩尖，不扣除桩尖虚体积）增加 0.25 m 乘以设计断面面积计算。

（8）灌注混凝土桩的钢筋笼制作依设计规定，按《全国统一建筑工程预算工程量计算规则》（GJDGZ—101—1995）中的钢筋混凝土章节相应项目以吨计算。

（9）泥浆运输工程量按钻孔体积以立方米计算。

（10）其他：

1）安、拆导向夹具，按设计图纸规定的水平延长米计算。

2）桩架 90° 调面只适用轨道式、走管式、导杆、筒式柴油打桩机，以次计算。

【例 5.2】 某套管成孔灌注桩示意图如图 5.2 所示，已知土质为二级土，试计算 60 根套管成孔灌注桩的工程量。

【解】 工程量/m³ $= \pi \times \left(\dfrac{0.56}{2}\right)^2 \times 17 \times 60 = 251.23$

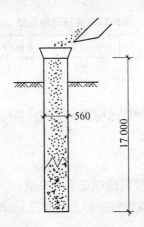

图 5.2　套管成孔灌注桩示意图(单位:mm)

5.1.3　砌筑工程

1. 基础定额说明

(1)砌砖、砌块。

1)定额中砖的规格,是按标准砖编制的;砌块、多孔砖规格是按常用规格编制的。规格不同时,可以换算。

2)砖墙定额中已包括先立门窗框的调直用工以及腰线、窗台线、挑檐等一般出线用工。

3)砖砌体均包括了原浆勾缝用工,加浆勾缝时,另按相应定额计算。

4)填充墙以填炉渣、炉渣混凝土为准,如实际使用材料与定额不同时允许换算,其他不变。

5)墙体必需放置的拉接钢筋,应按《全国统一建筑工程基础定额》(GJD—101—1995)中的钢筋混凝土章节另行计算。

6)硅酸盐砌块、加气混凝土砌块墙,是按水泥混合砂浆编制的,如设计使用水玻璃矿渣等黏结剂为胶合料时,应按设计要求另行换算。

7)圆形烟囱基础按砖基础定额执行,人工乘以系数1.2。

8)砖砌挡土墙,2砖以上执行砖基础定额;2砖以内执行砖墙定额。

9)零星项目是指砖砌小便池槽、明沟、暗沟、隔热板带砖墩、地板墩等。

10)项目中砂浆是按常用规格、强度等级列出,如与设计不同时,可以换算。

(2)砌石。

1)定额中粗、细料石(砌体)墙按 400 mm×220 mm×200 mm,柱按 450 mm×220 mm×200 mm,踏步石按 400 mm×200 mm×100 mm 规格编制的。

2)毛石墙镶砖墙身按内背镶 1/2 砖编制的,墙体厚度为 600 mm。

3)毛石护坡高度超过 4 m 时,定额人工乘以系数1.15。

4)砌筑圆弧形石砌体基础、墙(含砖石混合砌体)按定额项目人工乘以系数1.1。

2.计算规则

(1)砖基础。

1)基础与墙身(柱身)的划分。

①基础与墙(柱)身使用同一种材料时,以设计室内地面为界(有地下室者,以地下室室内设计地面为界),以下为基础,以上为墙(柱)身。

②基础与墙身使用不同材料时,位于设计室内地面±300 mm 以内时,以不同材料为分界线,超过±300 mm 时,以设计室内地面为分界线。

③砖、石围墙,以设计室外地坪为界线,以下为基础,以上为墙身。

2)基础长度。

①外墙墙基按外墙中心线长度计算;内墙墙基按内墙净长计算。基础大放脚 T 形接头处的重叠部分以及嵌入基础的钢筋、铁件、管道、基础防潮层及单个面积在 0.3 m² 以内孔洞所占体积不予扣除,但靠墙暖气沟的挑檐也不增加。附墙垛基础宽出部分体积应并入基础工程量内。

②砖砌挖孔桩护壁工程量按实砌体积计算。

(2)砖砌体。

1)一般规则。

①计算墙体时,应扣除门窗洞口、过人洞、空圈、嵌入墙身的钢筋混凝土柱、梁(包括过梁、圈梁、挑梁)、砖砌平拱和暖气包壁龛及内墙板头的体积,不扣除梁头、外墙板头、檩头、垫木、木楞头、沿椽木、木砖、门窗走头、砖墙内的加固钢筋、木筋、铁件、钢管及每个面积在 0.3 m² 以下的孔洞等所占的体积,突出墙面的窗台虎头砖、压顶线、山墙泛水、烟囱根、门窗套及三皮砖以内的腰线和挑檐等体积也不增加。

②砖垛、三皮砖以上的腰线和挑檐等体积,并入墙身体积内计算。

③附墙烟囱(包括附墙通风道、垃圾道)按其外形体积计算,并入所依附的墙体积内,不扣除每一个孔洞横截面在 0.1 m² 以下的体积,但孔洞内的抹灰工程量也不增加。

④女儿墙高度,自外墙顶面至图示女儿墙顶面高度,分别按不同墙厚并入外墙计算。

⑤砖平拱、平砌砖过梁按图示尺寸以立方米计算。如设计无规定时,砖砌平拱按门窗洞口宽度两端共加 100 mm,乘以高度(门窗洞口宽小于 1 500 mm 时,高度为 240 mm,大于 1 500 mm 时,高度为 365 mm)计算;平砌砖过梁按门窗洞口宽度两端共加 500 mm,高度按 440 mm 计算。

2)砌体厚度计算。

①标准砖以 240 mm×115 mm×53 mm 为准,砌体计算厚度,按表 5.13 采用。

表 5.13 标准墙计算厚度表

砖数(厚度)	1/4	1/2	3/4	1	$1\frac{1}{2}$	2	$2\frac{1}{2}$	3
计算厚度/mm	53	115	180	240	365	490	615	740

②使用非标准砖时,其砌体厚度应按砖实际规格和设计厚度计算。

3)墙的长度计算。外墙长度按外墙中心线长度计算,内墙长度按内墙净长线计算。

4)墙身高度的计算。

①外墙墙身高度:斜(坡)屋面无檐口顶棚者算至屋面板底,如图 5.3 所示;有屋架,且室内外均有顶棚者,算至屋架下弦底面另加 200 mm,如图 5.4 所示;无顶棚者算至屋架下弦底加 300 mm;出檐宽度超过 600 mm 时,应按实砌高度计算;平屋面算至钢筋混凝土板底,如图 5.5 所示。

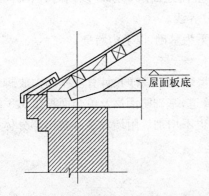

图 5.3　斜(坡)屋面无檐口顶棚者墙身高度计算

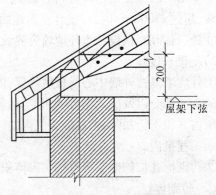

图 5.4　有屋架且室内外均有顶棚者墙身高度计算

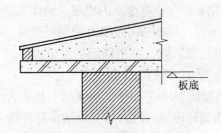

图 5.5　无顶棚者墙身高度计算

②内墙墙身高度:位于屋架下弦者,其高度算至屋架底;无屋架者算至顶棚底另加 100 mm;有钢筋混凝土楼板隔层者算至板底;有框架梁时算至梁底面。

③内、外山墙,墙身高度:按其平均高度计算。

5)框架间砌体工程量的计算。框架间砌体工程量分别按内外墙以框架间的净空面积乘以墙厚计算,框架外表镶贴砖部分也并入框架间砌体工程量内计算。

6)空花墙。空花墙按空花部分外形体积以立方米计算,空花部分不予扣除,其中实体部分以立方米另行计算。

7)空斗墙。空斗墙按外形尺寸以立方米计算。墙角、内外墙交接处,门窗洞口立边、窗台砖及屋檐处的实砌部分已包括在定额内,不另行计算,但窗间墙、窗台下、楼板下、梁头下等实砌部分,应另行计算,套零星砌体定额项目。

8)多孔砖、空心砖。多孔砖、空心砖按图示厚度以立方米计算,不扣除其孔、空心部分体积。

9)填充墙。填充墙按外形尺寸计算,以立方米计算,其中实砌部分已包括在定额内,不另计算。

10)加气混凝土墙。硅酸盐砌块墙、小型空心砌块墙,按图示尺寸以立方米计算。按设计规定需要镶嵌砖砌体部分已包括在定额内,不另计算。

11)其他砖砌体。

①砖砌锅台、炉灶,不分大小,均按图示外形尺寸以立方米计算,不扣除各种空洞的体积。

②砖砌台阶(不包括梯带)按水平投影面积以立方米计算。

③厕所蹲台、水槽腿、灯箱、垃圾箱、台阶挡墙或梯带、花台、花池、地垄墙及支撑地楞的砖墩,房上烟囱、屋面架空隔热层砖墩及毛石墙的门窗立边,窗台虎头砖等实砌体积,以立方米计算,套用零星砌体定额项目。

④检查井及化粪池不分壁厚均以立方米计算,洞口上的砖平拱碳等并入砌体体积内计算。

⑤砖砌地沟不分墙基、墙身合并以立方米计算。石砌地沟按其中心线长度以延长米计算。

(3)砖构筑物。

1)砖烟囱。

①筒身,圆形、方形均按图示筒壁平均中心线周长乘以厚度并扣除筒身各种孔洞、钢筋混凝土圈梁、过梁等体积,以立方米计算,其筒壁周长不同时可按下式分段计算:

$$V = \sum H \times C \times \pi D \tag{5.2}$$

式中　　V——筒身体积(mm^3);

$\quad\quad\quad H$——每段筒身垂直高度(mm);

$\quad\quad\quad C$——每段筒壁厚度(mm);

$\quad\quad\quad D$——每段筒壁中心线的平均直径(mm)。

②烟道、烟囱内衬按不同内衬材料并扣除孔洞后,以图示实体积计算。

③烟囱内壁表面隔热层,按筒身内壁并扣除各种孔洞后的面积以立方米计算;填料按烟囱内衬与筒身之间的中心线平均周长乘以图示宽度和筒高,并扣除各种孔洞所占体积(但不扣除连接横砖及防沉带的体积)后以立方米计算。

④烟道砌砖:烟道与炉体的划分以第一道闸门为界,炉体内的烟道部分列入炉体工程量计算。

2)砖砌水塔。

①水塔基础与塔身划分:以砖砌体的扩大部分顶面为界,以上为塔身,以下为基础,分别套相应基础砌体定额。

②塔身以图示实砌体积计算,并扣除门窗洞口和混凝土构件所占的体积,砖平拱碳及砖出檐等并入塔身体积内计算,套水塔砌筑定额。

③砖水箱内外壁,不分壁厚,均以图示实砌体积计算,套相应的内外砖墙定额。

3)砌体内钢筋加固。砌体内钢筋加固应按设计规定,以吨计算,套钢筋混凝土中相应项目。

【例5.3】　某正六边形实心砖柱如图5.6所示,试计算实心砖柱定额工程量。

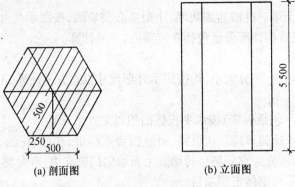

(a) 剖面图　　　　　　　(b) 立面图

图 5.6　正六边形砖柱示意图

【解】　正六边形砖柱定额工程量：

$$V_{六边形}/m^3 = 截面积 \times 高度 = 0.5 \times \frac{\sqrt{3}}{2} \times 0.5 \times \frac{1}{2} \times 6 \times 5.5 = 3.57$$

5.1.4　混凝土及钢筋混凝土工程

1. 基础定额说明

(1) 模板。

1) 现浇混凝土模板按不同构件,分别以组合钢模板、钢支撑、木支撑,复合木模板、钢支撑、木支撑,木模板、木支撑配制,模板不同时,可以编制补充定额。

2) 预制钢筋混凝土模板,按不同构件分别以组合钢模板、复合木模板、木模板、定型钢模、长线台钢拉模,并配置相应的砖地模,砖胎模、长线台混凝土地模编制的,使用其他模板时,可以换算。

3) 定额中框架轻板项目,只适用于全装配式定型框架轻板住宅工程。

4) 模板工作内容包括:清理、场内运输、安装、刷隔离剂、浇灌混凝土时模板维护、拆模、集中堆放、场外运输。木模板包括制作(预制包括刨光,现浇不刨光),组合钢模板、复合木模板包括装箱。

5) 现浇混凝土梁、板、柱、墙是按支模高度(地面至板底)3.6 m 编制的,超过 3.6 m 时按超过部分工程量另按超高的项目计算。

6) 用钢滑升模板施工的烟囱、水塔及贮仓是按无井架施工计算的,并综合了操作平台,不再计算脚手架及竖井架。

7) 用钢滑升模板施工的烟囱、水塔、提升模板使用的钢爬杆用量是按 100% 摊销计算的,贮仓是按 50% 摊销计算的,设计要求不同时,另行计算。

8) 倒锥壳水塔塔身钢滑升模板项目,也适用于一般水塔塔身滑升模板工程。

9) 烟囱钢滑升模板项目均已包括烟囱筒身、牛腿、烟道口;水塔钢滑升模板均已包括直筒、门窗洞口等模板用量。

10) 组合钢模板、复合木模板项目,未包括回库维修费用。应按定额项目中所列摊销量的模板、零星夹具材料价格的 8% 计入模板预算价格之内。回库维修费的内容包括:模板的运输费、维修的人工、机械、材料费用等。

（2）钢筋。

1）钢筋工程按钢筋的不同品种、不同规格，按现浇构件钢筋、预制构件钢筋、预应力钢筋及箍筋分别列项。

2）预应力构件中的非预应力钢筋按预制钢筋相应项目计算。

3）设计图纸未注明的钢筋接头和施工损耗的，已综合在定额项目内。

4）绑扎铁丝、成型点焊和接头焊接用的电焊条已综合在定额项目内。

5）钢筋工程内容包括：制作、绑扎、安装以及浇灌混凝土时维护钢筋用工。

6）现浇构件钢筋以手工绑扎，预制构件钢筋以手工绑扎、点焊分别列项，实际施工与定额不同时，不再换算。

7）非预应力钢筋不包括冷加工，如设计要求冷加工时，另行计算。

8）预应力钢筋如设计要求人工时效处理时，应另行计算。

9）预制构件钢筋，如用不同直径钢筋点焊在一起时，按直径最小的定额项目计算，如粗细筋直径比在两倍以上时，其人工乘以系数1.25。

10）后张法钢筋的锚固是按钢筋帮条焊、U型插垫编制的，如采用其他方法锚固时，应另行计算。

11）表5.14所列的构件，其钢筋可按表列系数调整人工、机械用量。

表5.14　钢筋调整人工、机械系数表

项目	预制钢筋		现浇钢筋		构筑物			
							贮仓	
系数范围	拱梯形屋架	托架梁	小型构件	小型池槽	烟囱	水塔	矩形	圆形
人工、机械调整系数	1.16	1.05	2	2.52	1.7	1.7	1.25	1.50

（3）混凝土。

1）混凝土的工作内容包括：筛砂子、筛洗石子、后台运输、搅拌，前台运输、清理、润湿模板、浇灌、捣固、养护。

2）毛石混凝土，是按毛石占混凝土体积20%计算的。如设计要求不同时，可以换算。

3）小型混凝土构件，是指每件体积在0.05 m³以内的未列出定额项目的构件。

4）预制构件厂生产的构件，在混凝土定额项目中考虑了预制厂内构件运输、堆放、码垛、装车运出等的工作内容。

5）构筑物混凝土按构件选用相应的定额项目。

6）轻板框架的混凝土梅花柱按预制异型柱;叠合梁按预制异型梁;楼梯段和整间大楼板按相应预制构件定额项目计算。

7）现浇钢筋混凝土柱、墙定额项目，均按规范规定综合了底部灌注1：2水泥砂浆的用量。

8）混凝土已按常用列出强度等级，如与设计要求不同时，可以换算。

2. 计算规则

(1)现浇混凝土及钢筋混凝土工程定额工程量计算规则。

1)一般规定。除遵循"基础定额说明"中"③混凝土"的内容外,还应符合以下两条规定:

①承台桩基础定额中已考虑了凿桩头用工。

②集中搅拌、运输、泵输送混凝土参考定额中,当输送高度超过 30 m 时,输送泵台班用量乘以系数 1.10,输送高度超过 50 m 时,输送泵台班用量乘以系数 1.25。

2)现浇混凝土及钢筋混凝土模板。

①现浇混凝土及钢筋混凝土模板工程量,除另有规定者外,均应区别模板的不同材质,按混凝土与模板接触面的面积,以 m² 计算。

②现浇钢筋混凝土柱、梁、板、墙的支模高度(即室外地坪至板底或板面至板底之间的高度)以 3.6 m 以内为准,超过 3.6 m 以上部分,另按超过部分计算增加支撑工程量。

③现浇钢筋混凝土墙、板上单孔面积在 0.3 m² 以内的孔洞,不予扣除,洞侧壁模板也不增加;单孔面积在 0.3 m² 以外时,应予扣除,洞侧壁模板面积并入墙、板模板工程量之内计算。

④现浇钢筋混凝土框架分别按梁、板、柱、墙有关规定计算,附墙柱并入墙内工程量计算。

⑤杯形基础杯口高度大于杯口大边长度的,套高杯基础定额项目。

⑥柱与梁、柱与墙、梁与梁等连接的重叠部分以及伸入墙内的梁头、板头部分,均不计算模板面积。

⑦构造柱外露面均应按图示外露部分计算模板面积。构造柱与墙接触面不计算模板面积。

⑧现浇钢筋混凝土悬挑板(雨篷、阳台)按图示外挑部分尺寸的水平投影面积计算。挑出墙外的牛腿梁及板边模板不另计算。

⑨现浇钢筋混凝土楼梯,以图示露明面尺寸的水平投影面积计算,不扣除小于 500 mm 楼梯井所占面积。楼梯的踏步、踏步板、平台梁等侧面模板,不另计算。

⑩混凝土台阶不包括梯带,按图示台阶尺寸的水平投影面积计算,台阶端头两侧不另计算模板面积。

⑪现浇混凝土小型池槽按构件外围体积计算,池槽内、外侧及底部的模板不应另计算。

3)现浇混凝土。

①混凝土工程量除另有规定者外,均按图示尺寸实体体积以立方米计算。不扣除构件内钢筋、预埋铁件及墙、板中 0.3 m² 内的孔洞所占体积。

②基础。有肋带形混凝土基础,其肋高与肋宽之比在 4∶1 以内的按有肋带形基础计算;超过 4∶1 时,其基础底按板式基础计算,以上部分按墙计算。

箱式满堂基础应分别按无梁式满堂基础、柱、墙、梁、板有关规定计算,套相应定额项目。

设备基础除块体以外,其他类型设备基础分别按基础、梁、柱、板、墙等有关规定计算,套相应的定额项目计算。

③柱:按图示断面尺寸乘以柱高以立方米计算。柱高按下列规定确定:

有梁板的柱高,应自柱基上表面(或楼板上表面)至上一层楼板上表面之间的高度计算。

无梁板的柱高,应自柱基上表面(或楼板上表面)至柱帽下表面之间的高度计算。

框架柱的柱高应自柱基上表面至柱顶高度计算。

构造柱按全高计算,与砖墙嵌接部分的体积并入柱身体积内计算。

依附柱上的牛腿,并入柱身体积内计算。

④梁:按图示断面尺寸乘以梁长以立方米计算,梁长按下列规定确定:

梁与柱连接时,梁长算至柱侧面。

主梁与次梁连接时,次梁长算至主梁侧面。

伸入墙内梁头,梁垫体积并入梁体积内计算。

⑤板:按图示面积乘以板厚以立方米计算,其中:

有梁板包括主、次梁与板,按梁、板体积之和计算。

无梁板按板和柱帽体积之和计算。

平板按板实体体积计算。

现浇挑檐天沟与板(包括屋面板、楼板)连接时,以外墙为分界线,与圈梁(包括其他梁)连接时,以梁外边线为分界线。外墙边线以外或梁外边线以外为挑檐天沟。

各类板伸入墙内的板头并入板体积内计算。

⑥墙:按图示中心线长度乘以墙高及厚度以立方米计算,应扣除门窗洞口及 0.3 m² 以外孔洞的体积,墙垛及突出部分并入墙体积内计算。

⑦整体楼梯包括休息平台,平台梁、斜梁及楼梯的连接梁,按水平投影面积计算,不扣除宽度小于 500 mm 的楼梯井,伸入墙内部分不另增加。

⑧阳台、雨篷(悬挑板),按伸出外墙的水平投影面积计算,伸出外墙的牛腿不另计算。带反挑檐的雨篷按展开面积并入雨篷内计算。

⑨栏杆按净长度以延长米计算。伸入墙内的长度已综合在定额内。栏板以立方米计算,伸入墙内的栏板,合并计算。

⑩预制板补现浇板缝时,按平板计算。

⑪预制钢筋混凝土框架柱现浇接头(包括梁接头),按设计规定的断面和长度以立方米计算。

4)钢筋混凝土构件接头灌缝。

①钢筋混凝土构件接头灌缝:包括构件坐浆、灌缝、堵板孔、塞板梁缝等。均按预制钢筋混凝土构件实体体积以立方米计算。

②柱与柱基的灌缝,按首层柱体积计算;首层以上柱灌缝按各层柱体积计算。

③空心板堵孔的人工材料,已包括在定额内。如不堵孔时,每 10 m³ 空心板体积应扣除 0.23 m³ 预制混凝土块和 2.2 工日。

(2)预制混凝土及钢筋混凝土工程定额工程量计算规则。

1)预制钢筋混凝土构件模板。

①预制钢筋混凝土模板工程量,除另有规定者外均按混凝土实体体积以立方米计算。

②小型池槽按外形体积以立方米计算。

③预制桩尖按虚体积(不扣除桩尖虚体积部分)计算。

2)预制混凝土。

①混凝土工程量均按图示尺寸实体体积以立方米计算,不扣除构件内钢筋、铁件及小于 300 mm×300 mm 以内的孔洞面积。

②预制桩按桩全长(包括桩尖)乘以桩断面(空心桩应扣除孔洞体积)以立方米计算。

③混凝土与钢杆件组合的构件,混凝土部分按构件实体体积以立方米计算,钢构件部分按吨计算,分别套相应的定额项目。

(3)构筑物钢筋混凝土工程定额工程量计算规则

1)构筑物钢筋混凝土模板。

①构筑物工程的模板工程量,除另有规定者外,区别现浇、预制和构件类别,分别按现浇和预制混凝土及钢筋混凝土模板工程量计算规定中有关的规定计算。

②大型池槽等分别按基础、墙、板、梁、柱等有关规定计算并套相应定额项目。

③液压滑升钢模板施工的烟筒、水塔塔身、贮仓等,均按混凝土体积,以立方米计算。预制倒圆锥形水塔罐壳模板按混凝土体积,以立方米计算。

④预制倒圆锥形水塔罐壳组装、提升、就位,按不同容积以座计算。

2)构筑物钢筋混凝土。

①构筑物混凝土除另规定者外,均按图示尺寸扣除门窗洞口及 0.3 m² 以外孔洞所占体积以实体体积计算。

②水塔:

筒身与槽底以槽底连接的圈梁底为界,以上为槽底,以下为筒身。

筒式塔身及依附于筒身的过梁、雨篷挑檐等并入筒身体积内计算;柱式塔身,柱、梁合并计算。

塔顶及槽底,塔顶包括顶板和圈梁,槽底包括底板挑出的斜壁板和圈梁等合并计算。

③贮水池不分平底、锥底、坡底均按池底计算,壁基梁、池壁不分圆形壁和矩形壁,均按池壁计算;其他项目均按现浇混凝土部分相应项目计算。

(4)钢筋工程定额工程量计算规则。

1)一般规定。

①钢筋工程,应区别现浇、预制构件、不同钢种和规格,分别按设计长度乘以单位质量,以吨计算。

②计算钢筋工程量时,设计已规定钢筋搭接长度的,按规定搭接长度计算;设计未规定搭接长度的,已包括在钢筋的损耗率之内,不另计算搭接长度。钢筋电渣压力焊接、套筒挤压等接头,以个计算。

③先张法预应力钢筋,按构件外形尺寸计算长度,后张法预应力钢筋按设计图规定的预应力钢筋预留孔道长度,并区别不同的锚具类型,分别按下列规定计算:

低合金钢筋两端采用螺杆锚具时,预应力的钢筋按预留孔道的长度减 0.35 m,螺杆另行计算。

低合金钢筋一端采用镦头插片,另一端螺杆锚具时,预应力钢筋长度按预留孔道长度计算,螺杆另行计算。

低合金钢筋一端采用镦头插片,另一端帮条锚具时,预应力钢筋增加0.15 m,两端均采用帮条锚具时,预应力钢筋共增加0.3 m计算。

低合金钢筋采用后张混凝土自锚时,预应力钢筋长度增加0.35 m计算。

低合金钢筋或钢绞线采用JM、XM、QM型锚具,孔道长度在20 m以内时,预应力钢筋长度增加1 m;孔道长度在20 m以上时,预应力钢筋长度增加1.8 m计算。

碳素钢丝采用锥形锚具,孔道长在20 m以内时,预应力钢筋长度增加1 m;孔道长在20 m以上时,预应力钢筋长度增加1.8 m。

碳素钢丝两端采用镦粗头时,预应力钢丝长度增加0.35 m计算。

2)其他规定。

①钢筋混凝土构件预埋铁件工程量按设计图示尺寸,以吨计算。

②固定预埋螺栓、铁件的支架,固定双层钢筋的铁马凳、垫铁件,按审定的施工组织设计规定计算,套相应定额项目。

【例5.4】　某工程预制钢筋混凝土T形起重机梁,如图5.7所示,共48根,计算其混凝土工程量。

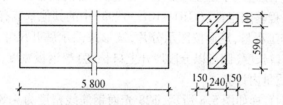

图5.7　预制钢筋混凝土T形起重机梁

【解】　混凝土工程量:
$$V/\mathrm{m}^3 = [\,0.24\times(0.59+0.1)+(0.15\times2\times0.1)\,]\times5.8\times48 = 54.46$$

5.1.5　金属结构工程

1. 基础定额说明

(1)定额适用于现场加工制作,也适用于企业附属加工厂制作的构件。

(2)定额的制作,均是按焊接编制的。

(3)构件制作,包括分段制作和整体预装配的人工材料及机械台班用量,整体预装配用的螺栓及锚固杆件用的螺栓,已包括在定额内。

(4)定额除注明者外,均包括现场内(工厂内)的材料运输,号料、加工、组装及成品堆放、装车出厂等全部工序。

(5)定额未包括加工点至安装点的构件运输,应另按构件运输定额相应项目计算。

(6)定额构件制作项目中,均已包括刷一遍防锈漆工料。

(7)钢筋混凝土组合屋架钢拉杆,按屋架钢支撑计算。

(8)定额编号12-1~12-45项,其他材料费(以＊表示)均以下列材料组成;木脚手板 0.03 m³;木垫块 0.01 m³;铁丝 8 号 0.40 kg;砂轮片 0.2 g 片;铁砂布 0.07 张;机油 0.04 kg;汽油 0.03 kg;铅油 0.80 kg;棉纱头 0.11 kg。其他机械费(以 * 表示)由下列机械组成;座式砂轮机 0.56 台班;手动砂轮机件 0.56 台班;千斤顶 0.56 台班;手动葫芦 0.56 台班;手电钻 0.56 台班。各部门、地区编制价格表时以此计入。

2.计算规则

(1)金属结构制作按图示钢材尺寸以吨计算,不扣除孔眼、切边的质量,焊条、铆钉、螺栓等质量,已包括在定额内不另计算。在计算不规则或多边形钢板质量时均以其最大对角线乘最大宽度的矩形面积计算。

(2)实腹柱、吊车梁、H 形钢按图示尺寸计算,其中腹板及翼板宽度按每边增加25 mm 计算。

(3)制动梁的制作工程量包括制动梁、制动桁梁、制动板重量;墙架的制作工程量包括墙架柱、墙架梁及连接柱杆质量;钢柱制作工程量包括依附于柱上的牛腿及悬臂梁质量。

(4)轨道制作工程量,只计算轨道本身质量,不包括轨道垫板、压板、斜垫、夹板及连接角钢等质量。

(5)铁栏杆制作,仅适用于工业厂房中平台、操作台的钢栏杆。民用建筑中铁栏杆等按《全国统一建筑工程基础定额》(GJD—101—1995)中的其他章节有关项目计算。

(6)钢漏斗制作工程量,矩形按图示分片,圆形按图示展开尺寸,并依钢板宽度分段计算,每段均以其上口长度(圆形以分段展开上口长度)与钢板宽度,按矩形计算,依附漏斗的型钢并入漏斗质量内计算。

【例 5.5】 某钢直梯如图 5.8 所示,φ28 光面钢筋线密度为 4.834 kg/m。试计算其工程量。

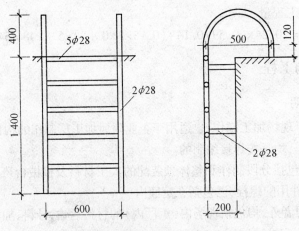

图 5.8　钢直梯示意图(单位:mm)

【解】 钢直梯工程量/t = $[(1.40+0.12\times2+0.5\times3.141\ 6\div2)\times2+(0.60-0.028)\times5+$
$(0.2-0.014)\times4]\times4.834\approx40.87$ kg =
0.040 87

5.1.6　木结构工程

1. 基础定额说明

（1）定额是按机械和手工操作综合编制的，所以不论实际采取何种操作方法，均按定额执行。

（2）定额中木材木种分类如下：

一类：红松、水桐木、樟子松。

二类：白松（方杉、冷杉）、杉木、杨木、柳木、椴木。

三类：青松、黄花松、秋子木、马尾松、东北榆木、柏木、苦楝木、梓木、黄菠萝、椿木、楠木、柚木、樟木。

四类：栎木（柞木）、檀木、色木、槐木、荔木、麻栗木（麻栎、青刚）、桦木、荷木、水曲柳、华北榆木。

（3）定额中木材以自然干燥条件下含水率为准编制的，需人工干燥时，其费用可列入木材价格内由各地区另行确定。

（4）定额中板材、方材规格，见表 5.15。

表 5.15　板材、方材规格表

项目	按宽厚尺寸比例分类	按板材厚度、方材宽、厚乘积			
板材	宽≥3×厚	名称	薄板	中板	厚板	特厚板
		厚度/mm	<18	19～35	36～65	≥66
方材	宽<3×厚	名称	小方	中方	大方	特大方
		宽×厚/cm²	<54	55～100	101～225	≥225

（5）定额中所注明的木材断面或厚度均以毛料为准。如设计图纸注明的断面或厚度为净料时，应增加刨光损耗；板、方材一面刨光增加 3 mm；两面刨光增加 5 mm；圆木每 1 m³ 材积增加 0.05 m³。

2. 计算规则

木屋架的制作安装工程量，按以下规定计算：

（1）木屋架制作安装均按设计断面竣工木料以立方米计算，其后备长度及配制损耗均不另外计算。

（2）方木屋架一面刨光时增加 3 mm，两面刨光时增加 5 mm，圆木屋架按屋架刨光时木材体积每立方米增加 0.05 m³ 计算。附属于屋架的夹板、垫木等已并入相应的屋架制作项目中，不另计算；与屋架连接的挑檐木、支撑等，其工程量并入屋架竣工木料体积内计算。

（3）屋架的制作安装应区别不同跨度，其跨度应以屋架上下弦杆的中心线交点之间的长度为准。带气楼的屋架并入所依附屋架的体积内计算。

（4）屋架的马尾、折角和正交部分半屋架，应并入相连接屋架的体积内计算。

（5）钢木屋架区分圆、方木，按竣工木料以立方米计算。

（6）圆木屋架连接的挑檐木、支撑等如为方木时，其方木部分应乘以系数 1.7，折合成圆木并入屋架竣工木料内，单独的方木挑檐，按矩形檩木计算。

（7）檩木按竣工木料以立方米计算。简支檩条长度按设计规定计算，如设计无规定者，按屋架或山墙中距增加 200 mm 计算，如两端出山，檩条长度算至博风板；连续檩条的长度按设计长度计算，其接头长度按全部连续檩木总体积的 5% 计算。檩条托木已计入相应的檩木制作项目中，不另计算。

【例 5.6】　某建筑屋面采用木结构，如图 5.9 所示，屋面坡度角度为 26°34′，木板材厚 40 mm。试计算封檐板、博风板的工程量。

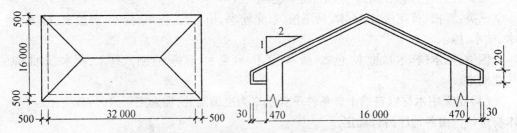

图 5.9　某建筑屋面（单位：mm）

【解】　已知屋面坡度角度为 26°34′，对应的斜长系数为 1.118。

封檐板工程量/m = (32+0.47×2)×2 = 65.88

博风板工程量/m = [16+(0.47+0.04)×2]×1.118×2+0.47×4 ≈ 39.94

5.1.7　门窗工程

1. 基础定额说明

（1）木门窗用木材的要求应符合"木结构工程"的要求。

（2）门窗及木结构工程中的木材木种均以一、二类木种为准，如采用三、四类木种时，分别乘以下列系数：木门窗制作，按相应项目人工和机械乘系数 1.3；木门窗安装，按相应项目的人工和机械乘系数 1.16；其他项目按相应项目人工和机械乘系数 1.35。

（3）定额中木门窗框、扇断面取定如下：

无纱镶板门框：60 mm×100 mm；有纱镶板门框：60 mm×120 mm；无纱窗框：60 mm×90 mm；有纱窗框：60 mm×110 mm；无纱镶板门扇：45 mm×100 mm；有纱镶板门扇：45 mm×100 mm+35 mm×100 mm；无纱窗扇：45 mm×60 mm；有纱窗扇：45 mm×60 mm+35 mm×60 mm；胶合板门窗：38 mm×60 mm。

定额取定的断面与设计规定不同时，应按比例换算。框断面以边框断面为准（框裁口如为钉条者加贴条的断面）；扇料以主梃断面为准。换算公式为：

$$\frac{设计断面（加刨光损耗）}{定额断面} \times 定额材积 \tag{5.3}$$

（4）定额所附普通木门窗小五金表，仅作备料参考。

（5）弹簧门、厂库大门、钢木大门及其他特种门，定额所附五金铁件表均按标准图用量计算列出，仅作备料参考。

(6)保温门的填充料与定额不同时,可以换算,其他工料不变。

(7)厂库房大门及特种门的钢骨架制作,以钢材重量表示,已包括在定额项目中,不再另列项目计算。定额中不包括固定铁件的混凝土垫块及门槛或梁柱内的预埋铁件。

(8)木门窗不论现场或附属加工厂制作,均执行《全国统一建筑工程基础定额》(GJD—101—1995),现场外制作点至安装地点的运输另行计算。

(9)定额中普通木门窗、天窗、按框制作、框安装、扇制作、扇安装分列项目:厂库房大门,钢木大门及其他特种门按扇制作、扇安装分列项目。

(10)定额中普通木窗、钢窗、铝合金窗、塑料窗、彩板组角钢窗等适用于平开式,推拉式,中转式、上、中、下悬式。双层玻璃窗小五金按普通木窗不带纱窗乘 2 计算。

(11)铝合金门窗制作兼安装项目,是按施工企业附属加工厂制作编制的。加工厂至现场堆放点的运输,另行计算。木骨架枋材 40 mm×45 mm,设计与定额不符时可以换算。

(12)铝合金地弹门制作(框料)型材是按 101.6 mm×44.5 mm,厚 1.5 mm 方管编制的;单扇平开门,双扇平开窗是按 38 系列编制的;推拉窗按 90 系列编制的。如型材断面尺寸及厚度与定额规定不同时,可按《全国统一建筑工程基础定额》(GJD—101—1995)中附表调整铝合金型材用量,附表中"( )"内数量为定额取定量。地弹门、双扇全玻地弹门包括不锈钢上下帮地弹簧、玻璃门、拉手、玻璃胶及安装所需的辅助材料。

(13)铝合金卷闸门(包括卷筒、导轨)、彩板组角钢门窗、塑料门窗、钢门窗安装以成品安装编制的。由供应地至现场的运杂费,应计入预算价格中。

(14)玻璃厚度、颜色、密封油膏、软填料,如设计与定额不同时可以调整。

(15)铝合金门窗、彩板组角钢门窗、塑料门窗和钢门窗成品安装,如每 100 m² 门窗实际用量超过定额含量 1% 以上时,可以换算,但人工、机械用量不变。门窗成品包括五金配件在内。采用附框安装时,扣除门窗安装子目中的膨胀螺栓、密封膏用量及其他材料费。

(16)钢门,钢材含量与定额不同时,钢材用量可以换算,其他不变。

1)钢门窗安装按成品件考虑(包括五金配件和铁脚在内)。

2)钢天窗安装角铁横挡及连接件,设计与定额用量不同时,可以调正,损耗按 6%。

3)实腹式或空腹式钢门窗均执行《全国统一建筑工程基础定额》(GJD—101—1995)。

4)组合窗、钢天窗为拼装缝需满刮油灰时,每 100 m² 洞口面积增加人工 5.54 工日,油灰 58.5 kg。

5)钢门窗安玻璃,如采用塑料、橡胶条,按门窗安装工程量每 100 m² 计算压条 736 m。

(17)铝合金门窗制作、安装(7–259~283 项)综合机械台班是以机械折旧费 68.26 元、大修理费 5 元、经常修理费 12.83 元、电力 183.94 kW·h 组成。

38 系列,外框 0.408 kg/m,中框 0.676 kg/m,压线 0.176 kg/m。

76.2×44.5×1.5 方管 0.975 kg/m,压线 15 kg/m。

2.计算规则

(1)各类门、窗制作、安装工程量均按门、窗洞口面积计算。

1)门、窗盖口条、贴脸、披水条,按图示尺寸以延长米计算,执行木装修项目。

2）普通窗上部带有半圆窗的工程量应分别按半圆窗和普通窗计算。其分界线以普通窗和半圆窗之间的横框上裁口线为分界线。

3）门窗扇包镀锌铁皮，按门、窗洞口面积以平方米计算；门窗框包镀锌铁皮,钉橡皮条、钉毛毡按图示门窗洞口尺寸以延长米计算。

（2）铝合金门窗制作、安装,铝合金、不锈钢门窗、彩板组角钢门窗、塑料门窗、钢门窗安装,均按设计门窗洞口面积计算。

（3）卷闸门安装按洞口高度增加 600 mm 乘以门实际宽度,以平方米计算。电动装置安装以套计算,小门安装以个计算。

（4）不锈钢片包门框,按框外表面面积以平方米计算；彩板组角钢门窗附框安装,按延长米计算。

【例5.7】 某仓库冷藏库门如图 5.10 所示,保温层厚 150 mm,洞口尺寸 1.2 m×2.5 m,共 1 樘,计算其定额工程量。

【解】 定额工程量: $S/m^2 = 1.1 \times 2.5 = 2.75$

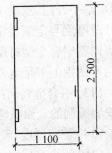

图 5.10　某仓库冷藏库门示意图

5.1.8　屋面及防水工程

1.基础定额说明

（1）水泥瓦、黏土瓦、小青瓦、石棉瓦规格与定额不同时,瓦材数量可以换算,其他不变。

（2）高分子卷材厚度,再生橡胶卷材按 1.5 mm；其他均按1.2 mm 取定。

（3）防水工程也适用于楼地面、墙基、墙身、构筑物、水池、水塔及室内厕所、浴室等防水,建筑物±0.000 以下的防水、防潮工程按防水工程相应项目计算。

（4）三元乙丙丁基橡胶卷材屋面防水,按相应三元乙丙橡胶卷材屋面防水项目计算。

（5）氯丁冷胶"二布三涂"项目,其"三涂"是指涂料构成防水层数并非指涂刷遍数；每一层"涂层"刷二遍至数遍不等。

（6）定额中沥青、玛琋脂均指石油沥青、石油沥青玛琋脂。

（7）变形缝填缝:建筑油膏聚氯乙烯胶泥断面取定 3 cm×2 cm；油浸木丝板取定为2.5 cm×15 cm；紫铜板止水带是 2 mm 厚,展开宽45 cm；氯丁橡胶宽30 cm,涂刷式氯丁胶贴玻璃止水片宽35 cm。其余均为 15 cm×3 cm。如设计断面不同时,用料可以换算。

（8）盖缝:木板盖缝断面为 20 cm×2.5 cm,如设计断面不同时,用料可以换算,人工不变。

（9）屋面砂浆找平层,面层按楼地面相应定额项目计算。

2.计算规则

（1）瓦屋面、金属压型板屋面。

瓦屋面、金属压型板(包括挑檐部分)均按图 5.11 中尺寸的水平投影面积乘以屋面坡度系数,见表 5.16,以平方米计算。不扣除房上烟囱、风帽底座、风道、屋面小气窗、斜沟等所占面积,屋面小气窗的出檐部分亦不增加。

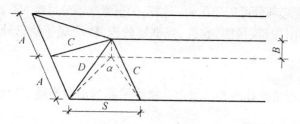

图5.11　瓦屋面、金属压型板工程量计算示意图

表5.16　屋面坡度系数

坡度 $B(A=1)$	坡度 $B/2A$	坡度角度 $/\alpha$	延迟系数$(A=1)$	隅延迟系数$(A=1)$
1	1/2	45°	1.414 2	1.732 1
0.75	—	36°52′	1.250 0	1.600 8
0.70	—	35°	1.220 7	1.577 9
0.666	1/3	33°40′	1.201 5	1.562 0
0.65	—	33°01′	1.192 6	1.556 4
0.60	—	30°58′	1.166 2	1.536 2
0.577	—	30°	1.154 7	1.527 0
0.55	—	28°49′	1.141 3	1.517 0
0.50	1/4	26°34′	1.118 0	1.500 0
0.45	—	24°14′	1.096 6	1.483 9
0.40	1/5	21°48′	1.077 0	1.469 7
0.35	—	19°17′	1.059 4	1.456 9
0.30	—	16°42′	1.044 0	1.445 7
0.25	—	14°02′	1.030 8	1.436 2
0.20	1/10	11°19′	1.019 8	1.428 3
0.15	—	8°32′	1.011 2	1.422 1
0.125	—	7°8′	1.007 8	1.419 1
0.100	1/20	5°42′	1.005 0	1.417 7
0.083	—	4°45′	1.003 5	1.416 6
0.066	1/30	3°49′	1.002 2	1.415 7

注:1. 两坡排水屋面面积为屋面水平投影面积乘以延迟系数 C。

2. 四坡排水屋面斜脊长度 $= A \times D$(当 $S = A$ 时)。

3. 沿山墙泛水长度 $= A \times C$。

(2)卷材屋面。

1)卷材屋面按图示尺寸的水平投影面积乘以规定的坡度系数,见表5.16,以平方米计算。但不扣除房上烟囱、风帽底座、风道、屋面小气窗和斜沟所占的面积,屋面的女儿墙、伸缩缝和天窗等处的弯起部分,按图示尺寸并入屋面工程量计算。如图纸无规定时,伸缩缝、女儿墙的弯起部分可按 250 mm 计算,天窗弯起部分可按 500 mm 计算。

2)卷材屋面的附加层、接缝、收头、找平层的嵌缝、冷底子油已计入定额内,不另计算。

(3)涂膜屋面。

涂膜屋面的工程量计算同卷材屋面。涂膜屋面的油膏嵌缝、玻璃布盖缝、屋面分格缝,以延长米计算。

(4)屋面排水。

1)铁皮排水按图示尺寸以展开面积计算,如图纸没有注明尺寸时,可按表 5.17 计算。咬口和搭接等已计入定额项目中,不另计算。

表 5.17　铁皮排水单体零件折算表

名称	单位	水落管/m	檐沟/m	水斗/个	漏斗/个	下水口/个		
水落管、檐沟、水斗、漏斗、下水口	m²	0.32	0.30	0.40	0.16	0.45		
天沟、斜沟、天窗窗台泛水、天窗侧面泛水、烟囱泛水、通气管泛水、滴水檐头泛水、滴水	m²	天沟/m	斜沟、天窗窗台泛水/m	天窗侧面泛水/m	烟囱泛水/m	通气管泛水/m	滴水檐头泛水/m	滴水/m
		1.30	0.50	0.70	0.80	0.22	0.24	0.11

（左侧合并单元格：铁皮排水）

2)铸铁、玻璃钢水落管区别不同直径按图示尺寸以延长米计算,雨水口、水斗、弯头、短管以个计算。

(5)防水工程。

1)建筑物地面防水、防潮层,按主墙间净空面积计算,扣除凸出地面的构筑物、设备基础等所占的面积,不扣除柱、垛、间壁墙、烟囱及 0.3 m² 以内孔洞所占面积。与墙面连接处高度在 500 mm 以内者按展开面积计算,并入平面工程量内,超过 500 mm 时,按立面防水层计算。

2)建筑物墙基防水、防潮层,外墙长度按中心线,内墙按净长乘以宽度以平方米计算。

3)构筑物及建筑物地下室防水层,按实铺面积计算,但不扣除 0.3 m² 以内的孔洞面积。平面与立面交接处的防水层,其上卷高度超过 500 mm 时,按立面防水层计算。

4)防水卷材的附加层、接缝、收头、冷底子油等人工材料均已计入定额内,不另计算。

5)变形缝按延长米计算。

【例 5.8】　某仓库屋面为铁皮排水天沟,如图 5.12 所示,排水天沟长 20 m,试计算该排水天沟所需铁皮工程量。

【解】　工程量/m² = 20×(0.045×2+0.056×2+0.16×2+0.09) ≈ 12.24

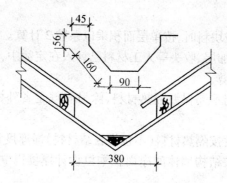

图5.12 某仓库排水天沟示意(单位:mm)

5.1.9 保温、隔热、防腐工程

1. 基础定额说明

(1)耐酸防腐。

1)整体面层、隔离层适用于平面、立面的防腐耐酸工程,包括沟、坑、槽。

2)块料面层以平面砌为准,砌立面者按平面砌相应项目,人工乘以系数1.38,踢脚板人工乘以系数1.56,其他不变。

3)各种砂浆、胶泥、混凝土材料的种类,配合比及各种整体面层的厚度,如设计与定额不同时,可以换算,但各种块料面层的结合层砂浆或胶泥厚度不变。

4)防腐、保温、隔热工程中的各种面层,除软聚氯乙烯塑料地面外,均不包括踢脚板。

5)花岗岩板以六面剁斧的板材为准。如底面为毛面者,水玻璃砂浆增加0.38 m^3;耐酸沥青砂浆增加0.44 m^3。

(2)保温隔热。

1)定额适用于中温、低温及恒温的工业厂(库)房隔热工程,以及一般保温工程。

2)定额只包括保温隔热材料的铺贴,不包括隔气防潮、保护层或衬墙等。

3)隔热层铺贴,除松散稻壳、玻璃棉、矿渣棉为散装外,其他保温材料均以石油沥青(30号)作胶结材料。

4)稻壳已包括装前的筛选、除尘工序,稻壳中如需增加药物防虫时,材料另行计算,人工不变。

5)玻璃棉、矿渣棉包装材料和人工均已包括在定额内。

6)墙体铺贴块体材料,包括基层涂沥青一遍。

2. 计算规则

(1)防腐工程预算。

1)防腐工程项目应区分不同防腐材料种类及其厚度,按设计实铺面积以平方米计算。应扣除凸出地面的构筑物、设备基础等所占的面积,砖垛等突出墙面部分按展开面积计算并入墙面防腐工程量之内。

2)踢脚板按实铺长度乘以高度以平方米计算,应扣除门洞所占面积并相应增加侧壁展开面积。

3)平面砌筑双层耐酸块料时,按单层面积乘以系数2计算。

4)防腐卷材接缝、附加层、收头等人工材料已计入在定额中,不再另行计算。

(2)保温隔热工程预算。

1)保温隔热层应区别不同保温隔热材料,除另有规定者外,均按设计实铺厚度以立方米计算。

2)保温隔热层的厚度按隔热材料(不包括胶结材料)净厚度计算。

3)地面隔热层按围护结构墙体间净面积乘以设计厚度以立方米计算,不扣除柱、垛所占的体积。

4)墙体隔热层,外墙按隔热层中心线、内墙按隔热层净长乘以图示尺寸的高度及厚度以立方米计算。应扣除冷藏门洞口和管道穿墙洞口所占的体积。

5)柱包隔热层,按图示柱的隔热层中心线的展开长度乘以图示尺寸高度及厚度以立方米计算。

6)其他保温隔热。

①池槽隔热层按图示池槽保温隔热层的长、宽及其厚度以立方米计算。其中池壁按墙面计算,池底按地面计算。

②门洞口侧壁周围的隔热部分,按图示隔热层尺寸以立方米计算,并入墙面的保温隔热工程量内。

③柱帽保温隔热层按图示保温隔热层体积并入顶棚保温隔热层工程量内。

【例5.9】 块料耐酸瓷砖示意图如图5.13所示,试计算块料耐酸瓷砖的工程量(设瓷砖、结合层、找平层厚度均为80 mm)。

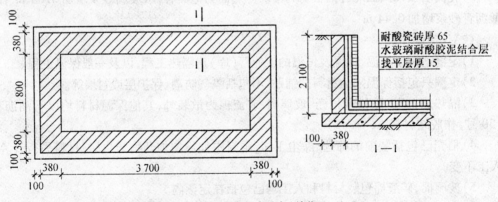

图5.13　块料耐酸瓷砖示意(单位:mm)

【解】

(1)池底板耐酸瓷砖工程量:

$$S_1/\text{m}^2 = 3.7 \times 1.8 = 6.66$$

(2)池壁耐酸瓷砖工程量:

$$S_2/\text{m}^2 = (3.7+1.8-2 \times 0.08) \times 2 \times (2.1-0.09) \approx 21.47$$

5.2　建筑工程清单工程量计算

5.2.1　土石方工程

1. 土方工程

土方工程工程量清单项目设置、项目特征描述的内容、计量单位及工程量计算规则，应按表5.18的规定执行。

表5.18　土方工程（010101）

项目编码	项目名称	项目特征	计量单位	工程量计算规则	工作内容
010101001	平整场地	1. 土壤类别 2. 弃土运距 3. 取土运距	m²	按设计图示尺寸以建筑物首层面积计算	1. 土方挖填 2. 场地找平 3. 运输
010101002	挖一般土方	1. 土壤类别 2. 挖土深度 3. 弃土运距	m³	按设计图示尺寸以体积计算	1. 排地表水 2. 土方开挖 3. 围护（挡土板）及拆除 4. 基底钎探 5. 运输
010101003	挖沟槽土方			按设计图示尺寸以基础垫层底面积乘以挖土深度计算	
010101004	挖基坑土方				
010101005	冻土开挖	1. 冻土厚度 2. 弃土运距	m³	按设计图示尺寸开挖面积乘以厚度以体积计算	1. 爆破 2. 开挖 3. 清理 4. 运输
010101006	挖淤泥、流砂	1. 挖掘深度 2. 弃淤泥、流砂距离		按设计图示位置、界限以体积计算	1. 开挖 2. 运输
010101007	管沟土方	1. 土壤类别 2. 管外径 3. 挖沟深度 4. 回填要求	1. m 2. m³	1. 以米计量，按设计图示以管道中心线长度计算 2. 以立方米计量，按设计图示管底垫层面积乘以挖土深度计算；无管底垫层按管外径的水平投影面积乘以挖土深度计算。不扣除各类井的长度，井的土方并入	1. 排地表水 2. 土方开挖 3. 围护（挡土板）、支撑 4. 运输 5. 回填

2. 石方工程

石方工程工程量清单项目设置、项目特征描述的内容、计量单位及工程量计算规则，应按表5.19的规定执行。

表5.19　石方工程(010102)

项目编码	项目名称	项目特征	计量单位	工程量计算规则	工作内容
010102001	挖一般石方	1.岩石类别 2.开凿深度 3.弃碴运距	m³	按设计图示尺寸以体积计算	1.排地表水 2.凿石 3.运输
010102002	挖沟槽石方			按设计图示尺寸沟槽底面积乘以挖石深度以体积计算	
010102003	挖基坑石方			按设计图示尺寸基坑底面积乘以挖石深度以体积计算	
010102004	挖管沟石方	1.岩石类别 2.管外径 3.挖沟深度	1. m 2. m³	1.以米计量,按设计图示以管道中心线长度计算 2.以立方米计量,按设计图示截面积乘以长度计算	1.排地表水 2.凿石 3.回填 4.运输

3. 回填

回填工程工程量清单项目设置、项目特征描述的内容、计量单位及工程量计算规则，应按表5.20的规定执行。

表5.20　回填(编码:010103)

项目编码	项目名称	项目特征	计量单位	工程量计算规则	工作内容
010103001	回填方	1.密实度要求 2.填方材料品种 3.填方粒径要求 4.填方来源、运距	m³	按设计图示尺寸以体积计算 1.场地回填:回填面积乘平均回填厚度 2.室内回填:主墙间面积乘回填厚度,不扣除间隔墙 3.基础回填:按挖方清单项目工程量项目工程量减去自然地坪以下埋设的基础体积(包括基础垫层及其他构筑物)	1.运输 2.回填 3.压实
010103002	余方弃置	1.废弃料品种 2.运距		按挖方清单项目工程量减利用回填方体积(正数)计算	余方点装料运输至弃置点

【例5.10】 某人工挖沟槽工程,沟槽示意图如图 5.14 所示,土质为三类土,试计算挖沟槽清单工程量。

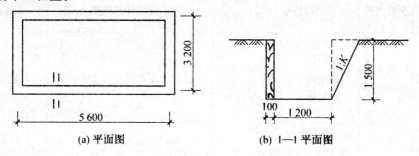

(a) 平面图　　　　　　(b) I—I 平面图

图 5.14　沟槽示意图

【解】　　　　　　　　放坡宽度为/m = 1.5×0.33 = 0.50

挖沟槽清单工程量:

$$V/m^3 = 1.2×1.5×(5.6+3.2)×2 = 31.68$$

清单工程量计算见表 5.21。

表 5.21　清单工程量计算表

项目编码	项目名称	项目特征描述	计量单位	工程量
010101003001	挖沟槽土方	三类土,条形基础,挖土深度为 1.5 m	m³	31.68

5.2.2　地基处理与边坡支护工程

1.地基处理

地基处理工程量清单项目设置、项目特征描述的内容、计量单位及工程量计算规则,应按表 5.22 的规定执行。

表 5.22　地基处理(编号:010201)

项目编码	项目名称	项目特征	计量单位	工程量计算规则	工作内容
010201001	换填垫层	1.材料种类及配比 2.压实系数 3.掺加剂品种	m³	按设计图示尺寸以体积计算	1.分层铺填 2.碾压、振密或夯实 3.材料运输

续表 5.22

项目编码	项目名称	项目特征	计量单位	工程量计算规则	工作内容
010201002	铺设土工合成材料	1.部位 2.品种 3.规格	m²	按设计图示尺寸以面积计算	1.挖填锚固沟 2.铺设 3.固定 4.运输
010201003	预压地基	1.排水竖井种类、断面尺寸、排列方式、间距、深度 2.预压方法 3.预压荷载、时间 4.砂垫层厚度		按设计图示处理范围以面积计算	1.设置排水竖井、盲沟、滤水管 2.铺设砂垫层、密封膜 3.堆载、卸载或抽气设备安拆、抽真空 4.材料运输
010201004	强夯地基	1.夯击能量 2.夯击遍数 3.夯击点布置形式、间距 4.地耐力要求 4.夯填材料种类			1.铺设夯填材料 2.强夯 3.夯填材料运输
010201005	振冲密实（不填料）	1.地层情况 2.振密深度 3.孔距		按设计图示处理范围以面积计算	1.振冲加密 2.泥浆运输
010201006	振冲桩（填料）	1.地层情况 2.空桩长度、桩长 3.桩径 4.填充材料种类	1. m 2. m³	1.以米计量,按设计图示尺寸以桩长计算 2.以立方米计量,按设计桩截面乘以桩长以体积计算	1.振冲成孔、填料、振实 2.材料运输 3.泥浆运输
010201007	砂石桩	1.地层情况 2.空桩长度、桩长 3.桩径 4.成孔方法 5.材料种类、级配	1. m 2. m³	1.以米计量,按设计图示尺寸以桩长(包括桩尖)计算 2.以立方米计量,按设计桩截面乘以桩长(包括桩尖)以体积计算	1.成孔 2.填充、振实 3.材料运输

续表 5.22

项目编码	项目名称	项目特征	计量单位	工程量计算规则	工作内容
010201008	水泥粉煤灰碎石桩	1. 地层情况 2. 空桩长度、桩长 3. 桩径 4. 成孔方法 5. 混合料强度等级		按设计图示尺寸以桩长(包括桩尖)计算	1. 成孔 2. 混合料制作、灌注、养护 3. 材料运输
010201009	深层搅拌桩	1. 地层情况 2. 空桩长度、桩长 3. 桩截面尺寸 4. 水泥强度等级、掺量		按设计图示尺寸以桩长计算	1. 预搅下钻、水泥浆制作、喷浆搅拌提升成桩 2. 材料运输
010201010	粉喷桩	1. 地层情况 2. 空桩长度、桩长 3. 桩径 4. 粉体种类、掺量 5. 水泥强度等级、石灰粉要求	m	按设计图示尺寸以桩长计算	1. 预搅下钻、喷粉搅拌提升成桩 2. 材料运输
010201011	夯实水泥土桩	1. 地层情况 2. 空桩长度、桩长 3. 桩径 4. 成孔方法 5. 水泥强度等级 6. 混合料配比		按设计图示尺寸以桩长(包括桩尖)计算	1. 成孔、夯底 2. 水泥土拌合、填料、夯实 3. 材料运输
010201012	高压喷射注浆桩	1. 地层情况 2. 空桩长度、桩长 3. 桩截面 4. 注浆类型、方法 5. 水泥强度等级		按设计图示尺寸以桩长计算	1. 成孔 2. 水泥浆制作、高压喷射注浆 3. 材料运输

续表5.22

项目编码	项目名称	项目特征	计量单位	工程量计算规则	工作内容
010201013	石灰桩	1.地层情况 2.空桩长度、桩长 3.桩径 4.成孔方法 5.掺合料种类、配合比		按设计图示尺寸以桩长(包括桩尖)计算	1.成孔 2.混合料制作、运输、夯填
010201014	灰土(土)挤密桩	1.地层情况 2.空桩长度、桩长 3.桩径 4.成孔方法 5.灰土级配	m		1.成孔 2.灰土拌和、运输、填充、夯实
010201015	柱锤冲扩桩	1.地层情况 2.空桩长度、桩长 3.桩径 4.成孔方法 5.桩体材料种类、配合比		按设计图示尺寸以桩长计算	1.安、拔套管 2.冲孔、填料、夯实 3.桩体材料制作、运输
010201016	注浆地基	1.地层情况 2.空钻深度、注浆深度 3.注浆间距 4.浆液种类及配比 5.注浆方法 6.水泥强度等级	1. m 2. m³	1.以米计量,按设计图示尺寸以钻孔深度计算 2.以立方米计量,按设计图示尺寸以加固体积计算	1.成孔 2.注浆导管制作、安装 3.浆液制作、压浆 4.材料运输
010201017	褥垫层	1.厚度 2.材料品种及比例	1. m² 2. m³	1.以平方米计量,按设计图示尺寸以铺设面积计算 2.以立方米计量,按设计图示尺寸以体积计算	材料拌和、运输、铺设、压实

2. 基坑与边坡支护

工程量清单项目设置、项目特征描述的内容、计量单位及工程量计算规则,应按表5.23的规定执行。

表5.23 基坑与边坡支护(编码:010202)

项目编码	项目名称	项目特征	计量单位	工程量计算规则	工作内容
010202001	地下连续墙	1.地层情况 2.导墙类型、截面 3.墙体厚度 4.成槽深度 5.混凝土种类、强度等级 6.接头形式	m³	按设计图示墙中心线长乘以厚度乘以槽深以体积计算	1.导墙挖填、制作、安装、拆除 2.挖土成槽、固壁、清底置换 3.混凝土制作、运输、灌注、养护 4.接头处理 5.土方、废泥浆外运 6.打桩场地硬化及泥浆池、泥浆沟
010202002	咬合灌注桩	1.地层情况 2.桩长 3.桩径 4.混凝土种类、强度等级 5.部位	1.m 2.根	1.以米计量,按设计图示尺寸以桩长计算 2.以根计量,按设计图示数量计算	1.成孔、固壁 2.混凝土制作、运输、灌注、养护 3.套管压拔 4.土方、废泥浆外运 5.打桩场地硬化及泥浆池、泥浆沟
010202003	圆木桩	1.地层情况 2.桩长 3.材质 4.尾径 5.桩倾斜度	1.m 2.根	1.以米计量,按设计图示尺寸以桩长(包括桩尖)计算 2.以根计量,按设计图示数量计算	1.工作平台搭拆 2.桩机移位 3.桩靴安装 4.沉桩
010202004	预制钢筋混凝土板桩	1.地层情况 2.送桩深度、桩长 3.桩截面 4.混凝土强度等级			1.工作平台搭拆 2.桩机竖拆、移位 3.沉桩 4.板桩连接
010202005	型钢桩	1.地层情况或部位 2.送桩深度、桩长 3.规格型号 4.桩倾斜度 5.防护材料种类 6.是否拔出	1.t 2.根	1.以吨计量,按设计图示尺寸以质量计算 2.以根计量,按设计图示数量计算	1.工作平台搭拆 2.桩机移位 3.打(拔)桩 4.接桩 5.刷防护材料

续表 5.23

项目编码	项目名称	项目特征	计量单位	工程量计算规则	工作内容
010202006	钢板桩	1.地层情况 2.桩长 3.板桩厚度	1.t 2.m²	1.以吨计量,按设计图示尺寸以质量计算 2.以平方米计量,按设计图示墙中心线长乘以桩长以面积计算	1.工作平台搭拆 2.桩机移位 3.打拔钢板桩
010202007	预应力锚杆、锚索	1.地层情况 2.锚杆(索)类型、部位 3.钻孔深度 4.钻孔直径 5.杆体材料品种、规格、数量 6.预应力 7.浆液种类、强度等级	1.m 2.根	1.以米计量,按设计图示尺寸以钻孔深度计算 2.以根计量,按设计图示数量计算	1.钻孔、浆液制作、运输、压浆 2.锚杆(锚索)制作、安装 3.张拉锚固 4.锚杆、锚索施工平台搭设、拆除
010202008	土钉	1.地层情况 2.钻孔深度 3.钻孔直径 4.置入方法 5.杆体材料品种、规格、数量 6.浆液种类、强度等级			1.钻孔、浆液制作、运输、压浆 2.土钉制作、安装 3.土钉施工平台搭设、拆除
010202009	喷射混凝土、水泥砂浆	1.部位 2.厚度 3.材料种类 4.混凝土(砂浆)类别、强度等级	m²	按设计图示尺寸以面积计算	1.修整边坡 2.混凝土(砂浆)制作、运输、喷射、养护 3.钻排水孔,安装排水管 4.喷射施工平台搭设、拆除
010202010	混凝土支撑	1.部位 2.混凝土种类 3.混凝土强度等级	m³	按设计图示尺寸以体积计算	1.模板(支架或支撑)制作、安装、拆除、堆放、运输及清理模内杂物、刷隔离剂等 2.混凝土制作、运输、浇筑、振捣、养护

续表 5.23

项目编码	项目名称	项目特征	计量单位	工程量计算规则	工作内容
010202011	钢支撑	1. 部位 2. 钢材品种、规格 3. 探伤要求	t	按设计图示尺寸以质量计算。不扣除孔眼质量，焊条、铆钉、螺栓等不另增加质量	1. 支撑、铁件制作(摊销、租赁) 2. 支撑、铁件安装 3. 探伤 4. 刷漆 5. 拆除 6. 运输

【例 5.11】　某工程采用灰土挤密桩,桩如图 5.15 所示,$D=500$ mm,共需打桩 50 根,试计算桩清单工程量。

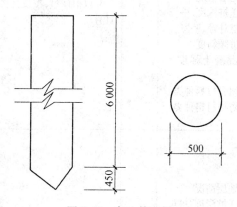

图 5.15　灰土挤密桩

【解】　清单工程量按设计图示尺寸以桩长(包括桩尖)计算,则:

$$工程量/m=(6+0.45)\times50=322.5$$

清单工程量计算见表 5.24。

表 5.24　清单工程量计算表

项目编码	项目名称	项目特征描述	计量单位	工程量
010201014001	灰土(土)挤密桩	桩长 6.45 m,桩截面为 $R=0.25$ m 的圆形截面	m	322.5

5.2.3　桩基工程

1. 打桩

打桩工程量清单项目设置、项目特征描述的内容、计量单位及工程量计算规则,应按表 5.25 的规定执行。

表 5.25　打桩（编号:010301）

项目编码	项目名称	项目特征	计量单位	工程量计算规则	工作内容
010301001	预制钢筋混凝土方桩	1. 地层情况 2. 送桩深度、桩长 3. 桩截面 4. 桩倾斜度 5. 沉桩方法 6. 接桩方式 7. 混凝土强度等级	1. m 2. m³ 3. 根	1. 以米计量,按设计图示尺寸以桩长(包括桩尖)计算 2. 以立方米计量,按设计图示截面积乘以桩长(包括桩尖)以实体积计算 3. 以根计量,按设计图示数量计算	1. 工作平台搭拆 2. 桩机竖拆、移位 3. 沉桩 4. 接桩 5. 送桩
010301002	预制钢筋混凝土管桩	1. 地层情况 2. 送桩深度、桩长 3. 桩外径、壁厚 4. 桩倾斜度 5. 混凝土强度等级 6. 填充材料种类 7. 防护材料种类			1. 工作平台搭拆 2. 桩机竖拆、移位 3. 沉桩 4. 接桩 5. 送桩 6. 桩尖制作安装 7. 填充材料、刷防护材料
010301003	钢管桩	1. 地层情况 2. 送桩深度、桩长 3. 材质 4. 管径、壁厚 5. 桩倾斜度 6. 沉桩方法 7. 填充材料种类 8. 防护材料种类	1. t 2. 根	1. 以吨计量,按设计图示尺寸以质量计算 2. 以根计量,按设计图示数量计算	1. 工作平台搭拆 2. 桩机竖拆、移位 3. 沉桩 4. 接桩 5. 送桩 6. 切割钢管、精割盖帽 7. 管内取土 8. 填充材料、刷防护材料
010301004	截(凿)桩头	1. 桩类型 2. 桩头截面、高度 3. 混凝土强度等级 4. 有无钢筋	1. m³ 2. 根	1. 以立方米计量,按设计桩截面乘以桩头长度以体积计算 2. 以根计量,按设计图示数量计算	1. 截(切割)桩头 2. 凿平 3. 废料外运

2. 灌注桩

灌注桩工程量清单项目设置、项目特征描述的内容、计量单位及工程量计算规则,应按表 5.26 的规定执行。

表 5.26 灌注桩(编号:010302)

项目编码	项目名称	项目特征	计量单位	工程量计算规则	工作内容
010302001	泥浆护壁成孔灌注桩	1.地层情况 2.空桩长度、桩长 3.桩径 4.成孔方法 5.护筒类型、长度 6.混凝土类别、强度等级	1. m 2. m³ 3. 根	1.以米计量,按设计图示尺寸以桩长(包括桩尖)计算 2.以立方米计量,按不同截面在桩上范围内以体积计算 3.以根计量,按设计图示数量计算	1.护筒埋设 2.成孔、固壁 3.混凝土制作、运输、灌注、养护 4.土方、废泥浆外运 5.打桩场地硬化及泥浆池、泥浆沟
010302002	沉管灌注桩	1.地层情况 2.空桩长度、桩长 3.复打长度 4.桩径 5.沉管方法 6.桩尖类型 7.混凝土类别、强度等级			1.打(沉)拔钢管 2.桩尖制作、安装 3.混凝土制作、运输、灌注、养护
010302003	干作业成孔灌注桩	1.地层情况 2.空桩长度、桩长 3.桩径 4.扩孔直径、高度 5.成孔方法 6.混凝土类别、强度等级			1.成孔、扩孔 2.混凝土制作、运输、灌注、振捣、养护
010302004	挖孔桩土(石)方	1.土(石)类别 2.挖孔深度 3.弃土(石)运距	m³	按设计图示尺寸(含护壁)截面积乘以挖孔深度以立方米计算	1.排地表水 2.挖土、凿石 3.基底钎探 4.运输
010302005	人工挖孔灌注桩	1.桩芯长度 2.桩芯直径、扩底直径、扩底高度 3.护壁厚度、高度 4.护壁混凝土类别、强度等级 5.桩芯混凝土类别、强度等级	1. m³ 2. 根	1.以立方米计量,按桩芯混凝土体积计算 2.以根计量,按设计图示数量计算	1.护壁制作 2.混凝土制作、运输、灌注、振捣、养护

续表5.26

项目编码	项目名称	项目特征	计量单位	工程量计算规则	工作内容
010302006	钻孔压浆桩	1.地层情况 2.空钻长度、桩长 3.钻孔直径 4.水泥强度等级	1. m 2. 根	1.以米计量,按设计图示尺寸以桩长计算 2.以根计量,按设计图示数量计算	钻孔、下注浆管、投放骨料、浆液制作、运输、压浆
010302007	桩底注浆	1.注浆导管材料、规格 2.注浆导管长度 3.单孔注浆量 4.水泥强度等级	孔	按设计图示以注浆孔数计算	1.注浆导管制作、安装 2.浆液制作、运输、压浆

【例5.12】 某工程采用排桩进行基坑支护,排桩采用旋挖钻孔灌注桩进行施工。场地地面标高为495.50~496.10,旋挖桩桩径为1 000 mm,桩长为20 m,采用水下商品混凝土C30,桩顶标高为493.50,桩数为208 根,超灌高度不少于1 m。根据地质情况,采用5 mm厚钢护筒,护筒长度不少于3 m。根据地质资料和设计情况,一、二类土约占25%,三类土约占20%,四类土约占55%。试计算该排桩清单工程量。

【解】泥浆护壁成孔灌注桩(旋挖桩)的工程量为208 根。

截(凿)桩头的工程量以立方米计量,按设计桩截面乘以桩头长度以体积计算。

截(凿)桩头的工程量为:$V/m^3 = \pi \times 0.5^2 \times 1 \times 208 = 163.28$

清单工程量计算表见表5.27。

表5.27 清单工程量计算表

项目编码	项目名称	项目特征描述	工程量	计量单位
010302001001	泥浆护壁成孔灌注桩(旋挖桩)	1.地层情况:一、二类土约占25%,三类土约占20%,四类土约占55%。 2.空桩长度:2 m~2.6 m,桩长:20 m 3.桩径:1 000 mm 4.成孔方法:旋挖钻孔 5.护筒类型、长度:5 mm 厚钢护筒,不少于3 m 6.混凝土种类、强度等级:水下商品混凝土C30	208	根
010301004001	截(凿)桩头	1.桩类型:旋挖桩 2.桩头截面、高度:1 000 mm、不少于1 m 3.混凝土强度等级:C30 4.有无钢筋:有	163.28	m³

5.2.4　砌筑工程

1.砖砌体

工程量清单项目设置、项目特征描述的内容、计量单位及工程量计算规则,应按表5.28 的规定执行。

表5.28　砖砌体(编号:010401)

项目编码	项目名称	项目特征	计量单位	工程量计算规则	工作内容
010401001	砖基础	1.砖品种、规格、强度等级 2.基础类型 3.砂浆强度等级 4.防潮层材料种类	m³	按设计图示尺寸以体积计算 　包括附墙垛基础宽出部分体积,扣除地梁(圈梁)、构造柱所占体积,不扣除基础大放脚T形接头处的重叠部分及嵌入基础内的钢筋、铁件、管道、基础砂浆防潮层和单个面积≤0.3 m²的孔洞所占体积,靠墙暖气沟的挑檐不增加 　基础长度:外墙按外墙中心线,内墙按内墙净长线计算	1.砂浆制作、运输 2.砌砖 3.防潮层铺设 4.材料运输
010401002	砖砌挖孔桩护壁	1.砖品种、规格、强度等级 2.砂浆强度等级		按设计图示尺寸以立方米计算	1.砂浆制作、运输 2.砌砖 3.材料运输
010401003	实心砖墙	1.砖品种、规格、强度等级 2.墙体类型 3.砂浆强度等级、配合比	m³	按设计图示尺寸以体积计算 　扣除门窗洞口、过人洞、空圈、嵌入墙内的钢筋混凝土柱、梁、圈梁、挑梁、过梁及凹进墙内的壁龛、管槽、暖气槽、消火栓箱所占体积,不扣除梁头、板头、檩头、垫木、木楞头、沿缘木、木砖、门窗走头、砖墙内加固钢筋、木筋、铁件、钢管及单个面积≤0.3 m²的孔洞所占的体积。凸出墙面的腰线、挑檐、压顶、窗台线、虎头砖、门窗套的体积亦不增加。凸出墙面的砖垛并入墙体体积内计算	

续表 5.28

项目编码	项目名称	项目特征	计量单位	工程量计算规则	工作内容
010401004	多孔砖墙	1.砖品种、规格、强度等级 2.墙体类型 3.砂浆强度等级、配合比	m³	1.墙长度:外墙按中心线、内墙按净长计算 2.墙高度: (1)外墙:斜(坡)屋面无檐口天棚者算至屋面板底;有屋架且室内外均有天棚者算至屋架下弦底另加200 mm;无天棚者算至屋架下弦底另加300 mm,出檐宽度超过600 mm时按实砌高度计算;与钢筋混凝土楼板隔层者算至板顶。平屋顶算至钢筋混凝土板底 (2)内墙:位于屋架下弦者,算至屋架下弦底无屋架者算至天棚底另加100 mm;有钢筋混凝土楼板隔层者算至楼板顶;有框架梁时算至梁底 (3)女儿墙:从屋面板上表面算至女儿墙顶面(如有混凝土压顶时算至压顶下表面) (4)内、外山墙:按其平均高度计算 3.框架间墙:不分内外墙按墙体净尺寸以体积计算 4.围墙:高度算至压顶上表面(如有混凝土压顶时算至压顶下表面),围墙柱并入围墙体积内	1.砂浆制作、运输 2.砌砖 3.刮缝 4.砖压顶砌筑 5.材料运输
010401005	空心砖墙				

续表5.28

项目编码	项目名称	项目特征	计量单位	工程量计算规则	工作内容
010401006	空斗墙	1.砖品种、规格、强度等级 2.墙体类型 3.砂浆强度等级、配合比	m³	按设计图示尺寸以空斗墙外形体积计算。墙角、内外墙交接处、门窗洞口立边、窗台砖、屋檐处的实砌部分体积并入空斗墙体积内	1.砂浆制作、运输 2.砌砖 3.装填充料 4.刮缝 5.材料运输
010401007	空花墙			按设计图示尺寸以空花部分外形体积计算,不扣除空洞部分体积	
010404008	填充墙	1.砖品种、规格、强度等级 2.墙体类型 3.填充材料种类及厚度 4.砂浆强度等级、配合比		按设计图示尺寸以填充墙外形体积计算	
010401009	实心砖柱	1.砖品种、规格、强度等级 2.柱类型 3.砂浆强度等级、配合比		按设计图示尺寸以体积计算。扣除混凝土及钢筋混凝土梁垫、梁头、板头所占体积	1.砂浆制作运输 2.砌砖 3.刮缝 4.材料运输
010404010	多孔砖柱				
010404011	砖检查井	1.井截面、深度 2.砖品种、规格、强度等级 3.垫层材料种类、厚度 4.底板厚度 5.井盖安装 6.混凝土强度等级 7.砂浆强度等级 8.防潮层材料种类	座	按设计图示数量计算	1.砂浆制作、运输 2.铺设垫层 3.底板混凝土制作、运输、浇筑、振捣、养护 4.砌砖 5.刮缝 6.井池底、壁抹灰 7.抹防潮层 8.材料运输

续表5.28

项目编码	项目名称	项目特征	计量单位	工程量计算规则	工作内容
010404012	零星砌砖	1. 零星砌砖名称、部位 2. 砂浆强度等级、配合比 3. 砂浆强度等级、配合比	1. m³ 2. m² 3. m 4. 个	1. 以立方米计量,按设计图示尺寸截面积乘以长度计算 2. 以平方米计量,按设计图示尺寸水平投影面积计算 3. 以米计量,按设计图示尺寸长度计算 4. 以个计量,按设计图示数量计算	1. 砂浆制作、运输 2. 砌砖 3. 刮缝 4. 材料运输
010404013	砖散水、地坪	1. 砖品种、规格、强度等级 2. 垫层材料种类、厚度 3. 散水、地坪厚度 4. 面层种类、厚度 5. 砂浆强度等级	m²	按设计图示尺寸以面积计算	1. 土方挖、运、填 2. 地基找平、夯实 3. 铺设垫层 4. 砌砖散水、地坪 5. 抹砂浆面层
010404014	砖地沟、明沟	1. 砖品种、规格、强度等级 2. 沟截面尺寸 3. 垫层材料种类、厚度 4. 混凝土强度等级 5. 砂浆强度等级	m	以米计量,按设计图示以中心线长度计算	1. 土方挖、运、填 2. 铺设垫层 3. 底板混凝土制作、运输、浇筑、振捣、养护 4. 砌砖 5. 刮缝、抹灰 6. 材料运输

2. 砌块砌体

砌块砌体工程量清单项目设置、项目特征描述的内容、计量单位及工程量计算规则,应按表5.29的规定执行。

表 5.29　砌块砌体(编号:010402)

项目编码	项目名称	项目特征	计量单位	工程量计算规则	工作内容
010402001	砌块墙	1. 砌块品种、规格、强度等级 2. 墙体类型 3. 砂浆强度等级	m³	按设计图示尺寸以体积计算 扣除门窗洞口、过人洞、空圈、嵌入墙内的钢筋混凝土柱、梁、圈梁、挑梁、过梁及凹进墙内的壁龛、管槽、暖气槽、消火栓箱所占体积,不扣除梁头、板头、檩头、垫木、木楞头、沿缘木、木砖、门窗走头、砌块墙内加固钢筋、木筋、铁件、钢管及单个面积≤0.3 m²的孔洞所占的体积。凸出墙面的腰线、挑檐、压顶、窗台线、虎头砖、门窗套的体积亦不增加。凸出墙面的砖垛并入墙体体积内计算 1. 墙长度:外墙按中心线、内墙按净长计算 2. 墙高度: (1)外墙:斜(坡)屋面无檐口天棚者算至屋面板底;有屋架且室内外均有天棚者算至屋架下弦底另加 200 mm;无天棚者算至屋架下弦底另加 300 mm,出檐宽度超过 600 mm 时按实砌高度计算;与钢筋混凝土楼板隔层者算至板顶;平屋面算至钢筋混凝土板底 (2)内墙:位于屋架下弦者,算至屋架下弦底;无屋架者算至天棚底另加 100 mm;有钢筋混凝土楼 板隔层者算至楼板顶;有框架梁时算至梁底 (3)女儿墙:从屋面板上表面算至女儿墙顶面(如有混凝土压顶时算至压顶下表面) (4)内、外山墙:按其平均高度计算 3. 框架间墙:不分内外墙按墙体净尺寸以体积计算 4. 围墙:高度算至压顶上表面(如有混凝土压顶时算至压顶下表面),围墙柱并入围墙体积内	1. 砂浆制作、运输 2. 砌砖、砌块 3. 勾缝 4. 材料运输
010402002	砌块柱	1. 砖品种、规格、强度等级 2. 墙体类型 3. 砂浆强度等级	m³	按设计图示尺寸以体积计算 扣除混凝土及钢筋混凝土梁垫、梁头、板头所占体积	

3. 石砌体

工程量清单项目设置、项目特征描述的内容、计量单位及工程量计算规则,应按表5.30的规定执行。

表 5.30　石砌体(编号:010403)

项目编码	项目名称	项目特征	计量单位	工程量计算规则	工作内容
010403001	石基础	1.石料种类、规格 2.基础类型 3.砂浆强度等级	m^3	按设计图示尺寸以体积计算 包括附墙垛基础宽出部分体积,不扣除基础砂浆防潮层及单个面积≤0.3 m^2的孔洞所占体积,靠墙暖气沟的挑檐不增加体积。基础长度:外墙按中心线,内墙按净长计算	1.砂浆制作、运输 2.吊装 3.砌石 4.防潮层铺设 5.材料运输
010403002	石勒脚			按设计图示尺寸以体积计算,扣除单个面积>0.3 m^2的孔洞所占的体积	
010403003	石墙	1.石料种类、规格 2.石表面加工要求 3.勾缝要求 4.砂浆强度等级、配合比	m^3	按设计图示尺寸以体积计算 扣除门窗洞口、过人洞、空圈、嵌入墙内的钢筋混凝土柱、梁、圈梁、挑梁、过梁及凹进墙内的壁龛、管槽、暖气槽、消火栓箱所占体积,不扣除梁头、板头、檩头、垫木、木楞头、沿缘木、木砖、门窗走头、石墙内加固钢筋、木筋、铁件、钢管及单个面积≤0.3 m^2的孔洞所占的体积。凸出墙面的腰线、挑檐、压顶、窗台线、虎头砖、门窗套的体积亦不增加。凸出墙面的砖垛并入墙体体积内计算 1.墙长度:外墙按中心线、内墙按净长计算 2.墙高度: (1)外墙:斜(坡)屋面无檐口天棚者算至屋面板底;有屋架且室内外均有天棚者算至屋架下弦底另加200 mm;无天棚者算至屋架下弦底另加300 mm,出檐宽度超过600 mm时按实砌高度计算;平屋顶算至钢筋混凝土板底 (2)内墙:位于屋架下弦者,算至屋架下弦底;无屋架者算至天棚底另加100 mm;有钢筋混凝土楼板隔层者算至楼板顶;有框架梁时算至梁底 (3)女儿墙:从屋面板上表面算至女儿墙顶面(如有混凝土压顶时算至压顶下表面) (4)内、外山墙:按其平均高度计算 3.围墙:高度算至压顶上表面(如有混凝土压顶时算至压顶下表面),围墙柱并入围墙体积内	1.砂浆制作、运输 2.吊装 3.砌石 4.石表面加工 5.勾缝 6.材料运输

续表 5.30

项目编码	项目名称	项目特征	计量单位	工程量计算规则	工作内容
010403004	石挡土墙	1. 石料种类、规格 2. 石表面加工要求 3. 勾缝要求 4. 砂浆强度等级、配合比	m³	按设计图示尺寸以体积计算	1. 砂浆制作、运输 2. 吊装 3. 砌石 4. 变形缝、泄水孔、压顶抹灰 5. 滤水层 6. 勾缝 7. 材料运输
010403005	石柱				
010403006	石栏杆		m	按设计图示以长度计算	
010403007	石护坡	1. 垫层材料种类、厚度 2. 石料种类、规格 3. 护坡厚度、高度 4. 石表面加工要求 5. 勾缝要求 6. 砂浆强度等级、配合比	m³	按设计图示尺寸以体积计算	1. 砂浆制作、运输 2. 吊装 3. 砌石 4. 石表面加工 5. 勾缝 6. 材料运输
010403008	石台阶				
010403009	石坡道		m²	按设计图示以水平投影面积计算	1. 铺设垫层 2. 石料加工 3. 砂浆制作、运输 4. 砌石 5. 石表面加工 6. 勾缝 7. 材料运输
010403010	石地沟、明沟	1. 沟截面尺寸 2. 土壤类别、运距 3. 垫层材料种类、厚度 4. 石料种类、规格 5. 石表面加工要求 6. 勾缝要求 7. 砂浆强度等级、配合比	m	按设计图示以中心线长度计算	1. 土方挖、运 2. 砂浆制作、运输 3. 铺设垫层 4. 砌石 5. 石表面加工 6. 勾缝 7. 回填 8. 材料运输

4. 垫层

工程量清单项目设置、项目特征描述的内容、计量单位及工程量计算规则,应按表5.31的规定执行。

表5.31 垫层(编号:010404)

项目编码	项目名称	项目特征	计量单位	工程量计算规则	工作内容
010404001	垫层	垫层材料种类、配合比、厚度	m³	按设计图示尺寸以立方米计算	1. 垫层材料的拌制 2. 垫层铺设 3. 材料运输

【例5.13】 某工程±0.00以下条形基础平面、剖面大样图详见图5.16,室内外高差为150 mm。基础垫层为原槽浇注,清条石1 000 mm×300 mm×300 mm,基础使用水泥砂浆M7.5砌筑。页岩标砖,砖强度等级MU7.5,基础为M5水泥砂浆砌筑。本工程室外标高为-0.15。垫层为3∶7灰土,现场拌和。试列出该工程基础垫层、石基础、砖基础的分部分项工程量清单。

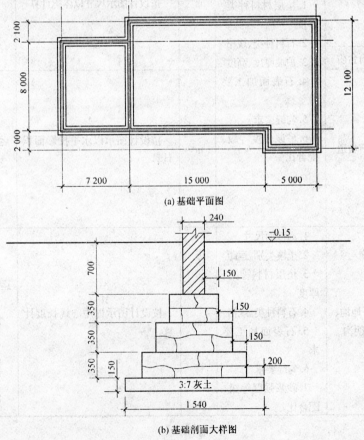

(a) 基础平面图

(b) 基础剖面大样图

图5.16　某基础工程示意图

【解】

(1)垫层工程量：

$L_外/\text{m}^3 = (27.2 + 12.1) \times 2 = 78.6$

$L_内/\text{m}^3 = 8 - 1.54 = 6.46$

$V/\text{m}^3 = (78.6 + 6.46) \times 1.54 \times 0.15 = 19.65$

(2)石基础工程量：

$L_外/\text{m}^3 = 78.6$

$L_{内1}/\text{m}^3 = 8 - 1.14 = 6.86$

$L_{内2}/\text{m}^3 = 8 - 0.84 = 7.16$

$L_{内3}/\text{m}^3 = 8 - 0.54 = 7.46$

$V/\text{m}^3 = (78.6 + 6.86) \times 1.14 \times 0.35 + (78.6 + 7.16) \times 0.84 \times 0.35 +$
$\qquad (78.6 + 7.46) \times 0.54 \times 0.35 = 34.10 + 25.21 + 16.27 =$
$\qquad 75.58$

(3)砖基础工程量：

$L_外 = 78.6(\text{m}^3)$

$L_内 = 8 - 0.24 = 7.76(\text{m}^3)$

$V/\text{m}^3 = (78.6 + 7.76) \times 0.24 \times 0.85 = 17.62$

分部分项工程和单价措施项目清单与计价表见表5.32。

表5.32 分部分项工程和单价措施项目清单与计价表

序号	项目编码	项目名称	项目特征描述	计量单位	工程量	金额/元	
						综合单价	合价
1	010404001001	垫层	垫层材料种类、配合比、厚度:3:7灰土,150 mm厚	m³	19.65		
2	010403001001	石基础	1.石料种类、规格:清条石、1 000 mm×300 mm×300 mm 2.基础类型:条形基础 3.砂浆强度等级:M7.5 水泥砂浆	m³	75.58		
3	010401001001	砖基础	1.砖品种、规格、强度等级:页岩砖,240 mm×115 mm×53 mm、MU7.5 2.基础类型:条形 3.砂浆强度等级:M5 水泥砂浆	m³	17.62		

注:依据规范规定,灰土垫层应按"垫层"项目编码列项。

5.2.5　混凝土及钢筋混凝土工程

1.现浇混凝土基础

现浇混凝土基础工程量清单项目设置、项目特征描述的内容、计量单位、工程量计算规则应按表 5.33 的规定执行。

表 5.33　现浇混凝土基础(编码:010501)

项目编码	项目名称	项目特征	计量单位	工程量计算规则	工程内容
010501001	垫层	1. 混凝土种类 2. 混凝土强度等级	m³	按设计图示尺寸以体积计算。不扣除伸入承台基础的桩头所占体积	1. 模板及支撑制作、安装、拆除、堆放、运输及清理模内杂物、刷隔离剂等 2. 混凝土制作、运输、浇筑、振捣、养护
010501002	带形基础				
010501003	独立基础				
010501004	满堂基础				
010501005	桩承台基础				
010501006	设备基础	1. 混凝土种类 2. 混凝土强度等级 3. 灌浆材料及其强度等级	m³	按设计图示尺寸以体积计算。不扣除伸入承台基础的桩头所占体积	

2. 现浇混凝土柱

现浇混凝土柱工程量清单项目设置、项目特征描述的内容、计量单位、工程量计算规则应按表 5.34 的规定执行。

表 5.34　现浇混凝土柱(编码:010502)

项目编码	项目名称	项目特征	计量单位	工程量计算规则	工程内容
010502001	矩形柱	1. 混凝土类别 2. 混凝土强度等级	m³	按设计图示尺寸以体积计算。不扣除构件内钢筋,预埋铁件所占体积。型钢混凝土柱扣除构件内型钢所占体积	1. 模板及支架(撑)制作、安装、拆除、堆放、运输及清理模内杂物、刷隔离剂等 2. 混凝土制作、运输、浇筑、振捣、养护
010502002	构造柱				
010502003	异形柱	1. 柱形状 2. 混凝土类别 3. 混凝土强度等级	m³	柱高: 1. 有梁板的柱高,应自柱基上表面(或楼板上表面)至上一层楼板上表面之间的高度计算 2. 无梁板的柱高,应自柱基上表面(或楼板上表面)至柱帽下表面之间的高度计算 3. 框架柱的柱高:应自柱基上表面至柱顶高度计算 4. 构造柱按全高计算,嵌接墙体部分(马牙槎)并入柱身体积 5. 依附柱上的牛腿和升板的柱帽,并入柱身体积计算	

3. 现浇混凝土梁

现浇混凝土梁工程量清单项目设置、项目特征描述的内容、计量单位、工程量计算规则应按表5.35的规定执行。

表5.35 现浇混凝土梁(编码:010503)

项目编码	项目名称	项目特征	计量单位	工程量计算规则	工程内容
010503001	基础梁	1. 混凝土类别 2. 混凝土强度等级	m³	按设计图示尺寸以体积计算。伸入墙内的梁头、梁垫并入梁体积内 梁长: 1. 梁与柱连接时,梁长算至柱侧面 2. 主梁与次梁连接时,次梁长算至主梁侧面	1. 模板及支架(撑)制作、安装、拆除、堆放、运输及清理模内杂物、刷隔离剂等 2. 混凝土制作、运输、浇筑、振捣、养护
010503002	矩形梁				
010503003	异形梁				
010503004	圈梁				
010503005	过梁				
010503006	弧形、拱形梁				

4. 现浇混凝土墙

现浇混凝土墙工程量清单项目设置、项目特征描述的内容、计量单位、工程量计算规则应按表5.36的规定执行。

表5.36 现浇混凝土墙(编码:010504)

项目编码	项目名称	项目特征	计量单位	工程量计算规则	工程内容
010504001	直形墙	1. 混凝土类别 2. 混凝土强度等级	m³	按设计图示尺寸以体积计算 扣除门窗洞口及单个面积>0.3 m²的孔洞所占体积,墙垛及突出墙面部分并入墙体体积内计算	1. 模板及支架(撑)制作、安装、拆除、堆放、运输及清理模内杂物、刷隔离剂等 2. 混凝土制作、运输、浇筑、振捣、养护
010504002	弧形墙				
010504003	短肢剪力墙				
010504004	挡土墙				

5. 现浇混凝土板

现浇混凝土板工程量清单项目设置、项目特征描述的内容、计量单位、工程量计算规则应按表 5.37 的规定执行。

表 5.37　现浇混凝土板(编码:010505)

项目编码	项目名称	项目特征	计量单位	工程量计算规则	工程内容
010505001	有梁板	1. 板底标高 2. 板厚度 3. 混凝土强度等级 4. 混凝土拌和料要求	m³	按设计图示尺寸以体积计算。不扣除构件内钢筋、预埋铁件及单个面积≤0.3 m²的柱、垛以及孔洞所占体积 压形钢板混凝土楼板扣除构件内压形钢板所占体积 有梁板(包括主、次梁与板)按梁、板体积之和计算,无梁板按板和柱帽体积之和计算,各类板伸入墙内的板头并入板体积内,薄壳板的肋、基梁并入薄壳体积内计算	1. 模板及支架(撑)制作、安装、拆除、堆放、运输及清理模内杂物、刷隔离剂等 2. 混凝土制作、运输、浇筑、振捣、养护
010505002	无梁板				
010505003	平板				
010505004	拱板				
010505005	薄壳板				
010505006	栏板				
010505007	天沟(檐沟)、挑檐板	1. 混凝土强度等级 2. 混凝土拌和料要求	m³	按设计图示尺寸以体积计算	
010505008	雨篷、悬挑板、阳台板			按设计图示尺寸以墙外部分体积计算。包括伸出墙外的牛腿和雨篷反挑檐的体积	
010505009	空心板			按设计图示尺寸以体积计算。空心板(GBF高强薄壁蜂巢芯板等)应扣除空心部分体积	
010505010	其他板			按设计图示尺寸以体积计算	

6. 现浇混凝土楼梯

现浇混凝土楼梯工程量清单项目设置、项目特征描述的内容、计量单位、工程量计算规则应按表 5.38 的规定执行。

表 5.38　现浇混凝土楼梯（编码:010506）

项目编码	项目名称	项目特征	计量单位	工程量计算规则	工程内容
010506001	直形楼梯	1. 混凝土类别 2. 混凝土强度等级	1. m² 2. m³	1. 以平方米计量,按设计图示尺寸以水平投影面积计算。不扣除宽度 ≤ 500 mm 的楼梯井,伸入墙内部分不计算 2. 以立方米计量,按设计图示尺寸以体积计算	1. 模板及支架（撑）制作、安装、拆除、堆放、运输及清理模内杂物、刷隔离剂等 2. 混凝土制作、运输、浇筑、振捣、养护

7. 现浇混凝土其他构件

现浇混凝土其他构件工程量清单项目设置、项目特征描述的内容、计量单位、工程量计算规则应按表 5.39 的规定执行。

表 5.39　现浇混凝土其他构件（编码:010507）

项目编码	项目名称	项目特征	计量单位	工程量计算规则	工程内容
010507001	散水、坡道	1. 垫层材料种类、厚度 2. 面层厚度 3. 混凝土种类 4. 混凝土强度等级 5. 变形缝填塞材料种类	m²	以平方米计量,按设计图示尺寸以面积计算 不扣除单个 ≤ 0.3 m²的孔洞所占面积	1. 地基夯实 2. 铺设垫层 3. 模板及支撑制作、安装、拆除、堆放、运输及清理模内杂物、刷隔离剂等 4. 混凝土制作、运输、浇筑、振捣、养护 5. 变形缝填塞
010507002	室外地坪	1. 地坪厚度 2. 混凝土强度等级			

续表 5.39

项目编码	项目名称	项目特征	计量单位	工程量计算规则	工程内容
010507003	电缆沟、地沟	1. 土壤类别 2. 沟截面净空尺寸 3. 垫层材料种类、厚度 4. 混凝土类别 5. 混凝土强度等级 6. 防护材料种类	m	按设计图示以中心线长度计算	1. 挖填、运土石方 2. 铺设垫层 3. 模板及支撑制作、安装、拆除、堆放、运输及清理模内杂、刷隔离剂等 4. 混凝土制作、运输、浇筑、振捣、养护 5. 刷防护材料
010507004	台阶	1. 踏步高、宽 2. 混凝土种类 3. 混凝土强度等级	1. m² 2. m³	1. 以平方米计量,按设计图示尺寸水平投影面积计算 2. 以立方米计量,按设计图示尺寸以体积计算	1. 模板及支撑制作、安装、拆除、堆放、运输及清理模内杂物、刷隔离剂等 2. 混凝土制作、运输、浇筑、振捣、养护
010507005	扶手、压顶	1. 断面尺寸 2. 混凝土种类 3. 混凝土强度等级	1. m 2. m³	1. 以米计量,按设计图示的中心线延长米计算 2. 以立方米计量,按设计图示尺寸以体积计算	1. 模板及支架(撑)制作、安装、拆除、堆放、运输及清理模内杂物、刷隔离剂等 2. 混凝土制作、运输、浇筑、振捣、养护
010507006	化粪池、检查井	1. 断面尺寸 2. 混凝土强度等级 3. 防水、抗渗要求	1. m³ 2. 座	1. 按设计图示尺寸以体积计算。 2. 以座计量,按设计图示数量计算	
01050707	其他构件	1. 构件的类型 2. 构件规格 3. 部位 4. 混凝土种类 5. 混凝土强度等级	m³	1. 按设计图示尺寸以体积计算 2. 以座计量,按设计图示数量计算	1. 模板及支架(撑)制作、安装、拆除、堆放、运输及清理模内杂物、刷隔离剂等 2. 混凝土制作、运输、浇筑、振捣、养护

8. 后浇带

后浇带工程量清单项目设置、项目特征描述的内容、计量单位、工程量计算规则应按表 5.40 的规定执行。

表 5.40　后浇带(编码:010508)

项目编码	项目名称	项目特征	计量单位	工程量计算规则	工程内容
010508001	后浇带	1.混凝土种类 2.混凝土强度等级	m³	按设计图示尺寸以体积计算	1.模板及支架(撑)制作、安装、拆除、堆放、运输及清理模内杂物、刷隔离剂等 2.混凝土制作、运输、浇筑、振捣、养护及混凝土交接面、钢筋等的清理

9. 预制混凝土柱

预制混凝土柱工程量清单项目设置、项目特征描述的内容、计量单位、工程量计算规则应按表 5.41 的规定执行。

表 5.41　预制混凝土柱(编码:010509)

项目编码	项目名称	项目特征	计量单位	工程量计算规则	工程内容
010509001	矩形柱	1.图代号 2.单件体积 3.安装高度 4.混凝土强度等级 5.砂浆(细石混凝土)强度等级、配合比	1. m³ 2. 根	1.以立方米计量,按设计图示尺寸以体积计算 2.以根计量,按设计图示尺寸以数量计算	1.模板制作、安装、拆除、堆放、运输及清理模内杂物、刷隔离剂等 2.混凝土制作、运输、浇筑、振捣、养护 3.构件运输、安装 4.砂浆制作、运输 5.接头灌缝、养护
010509002	异形柱				

10. 预制混凝土梁

预制混凝土梁工程量清单项目设置、项目特征描述的内容、计量单位、工程量计算规则应按表5.42的规定执行。

表5.42 预制混凝土梁(编码:010510)

项目编码	项目名称	项目特征	计量单位	工程量计算规则	工程内容
010510001	矩形梁	1.图代号 2.单件体积 3.安装高度 4.混凝土强度等级 5.砂浆(细石混凝土)强度等级、配合比	1. m³ 2.根	1.以立方米计量,按设计图示尺寸以体积计算 2.以根计量,按设计图示尺寸以数量计算	1.模板制作、安装、拆除、堆放、运输及清理模内杂物、刷隔离剂等 2.混凝土制作、运输、浇筑、振捣、养护 3.构件运输、安装 4.砂浆制作、运输 5.接头灌缝、养护
010510002	异形梁				
010510003	过梁				
010510004	拱形梁				
010510005	鱼腹式吊车梁				
010510006	其他梁				

11. 预制混凝土屋架

预制混凝土屋架工程量清单项目设置、项目特征描述的内容、计量单位、工程量计算规则应按表5.43的规定执行。

表5.43 预制混凝土屋架(编码:010511)

项目编码	项目名称	项目特征	计量单位	工程量计算规则	工程内容
010511001	折线型	1.图代号 2.单件体积 3.安装高度 4.混凝土强度等级 5.砂浆(细石混凝土)强度等级、配合比	1. m³ 2.榀	1.以立方米计量,按设计图示尺寸以体积计算 2.以榀计量,按设计图示尺寸以数量计算	1.模板制作、安装、拆除、堆放、运输及清理模内杂物、刷隔离剂等 2.混凝土制作、运输、浇筑、振捣、养护 3.构件运输、安装 4.砂浆制作、运输 5.接头灌缝、养护
010511002	组合				
010511003	薄腹				
010511004	门式刚架				
010511005	天窗架				

12. 预制混凝土板

预制混凝土板工程量清单项目设置、项目特征描述的内容、计量单位、工程量计算规则应按表5.44的规定执行。

表 5.44 预制混凝土板(编码:010512)

项目编码	项目名称	项目特征	计量单位	工程量计算规则	工程内容
010512001	平板	1.图代号 2.单件体积 3.安装高度 4.混凝土强度等级 5.砂浆(细石混凝土)强度等级、配合比	1. m³ 2.块	1.以立方米计量,按设计图示尺寸以体积计算。不扣除单个面积≤300 mm×300 mm的孔洞所占体积,扣除空心板空洞体积 2.以块计量,按设计图示尺寸以"数量"计算	1.模板制作、安装、拆除、堆放、运输及清理模内杂物、刷隔离剂等 2.混凝土制作、运输、浇筑、振捣、养护 3.构件运输、安装 4.砂浆制作、运输 5.接头灌缝、养护
010512002	空心板				
010512003	槽形板				
010512004	网架板				
010512005	折线板				
010512006	带肋板				
010512007	大型板				
010512008	沟盖板、井盖板、井圈	1.单件体积 2.安装高度 3.混凝土强度等级 4.砂浆强度等级、配合比	1. m³ 2.块(套)	1.以立方米计量,按设计图示尺寸以体积计算。 2.以块计量,按设计图示尺寸以"数量"计算	

13.预制混凝土楼梯

预制混凝土楼梯工程量清单项目设置及工程量计算规则,应按表 5.45 的规定执行。

表 5.45 预制混凝土楼梯(编码:010513)

项目编码	项目名称	项目特征	计量单位	工程量计算规则	工程内容
010513001	楼梯	1.楼梯类型 2.单件体积 3.混凝土强度等级 4.砂浆(细石混凝土)强度等级	1. m³ 2.段	1.以立方米计量,按设计图示尺寸以体积计算。扣除空心踏步板空洞体积 2.以段计量,按设计图示数量计算	1.模板制作、安装、拆除、堆放、运输及清理模内杂物、刷隔离剂等 2.混凝土制作、运输、浇筑、振捣、养护 3.构件运输、安装 4.砂浆制作、运输 5.接头灌缝、养护

14.其他预制构件

其他预制构件工程量清单项目设置、项目特征描述的内容、计量单位、工程量计算规则应按表 5.46 的规定执行。

表 5.46 其他预制构件(编码:010514)

项目编码	项目名称	项目特征	计量单位	工程量计算规则	工程内容
010514001	垃圾道、通风道、烟道	1. 单件体积 2. 混凝土强度等级 3. 砂浆强度等级	1. m³ 2. m² 3. 根(块、套)	1. 以立方米计量,按设计图示尺寸以体积计算。不扣除单个面积≤300 mm×300 mm 的孔洞所占体积,扣除烟道、垃圾道、通风道的孔洞所占体积 2. 以平方米计量,按设计图示尺寸以面积计算。不扣除单个面积≤300 mm×300 mm 的孔洞所占面积 3. 以根计量,按设计图示尺寸以数量计算	1. 模板制作、安装、拆除、堆放、运输及清理模内杂物、刷隔离剂等 2. 混凝土制作、运输、浇筑、振捣、养护 3. 构件运输、安装 4. 砂浆制作、运输 5. 接头灌缝、养护
010514002	其他构件	1. 单件体积 2. 构件的类型 3. 混凝土强度等级 4. 砂浆强度等级			
010514003	水磨石构件	1. 构件的类型 2. 单件体积 3. 水磨石面层厚度 4. 混凝土强度等级 5. 水泥石子浆配合比 6. 石子品种、规格、颜色 7. 酸洗、打腊要求			

15. 钢筋工程

钢筋工程工程量清单项目设置、项目特征描述的内容、计量单位、工程量计算规则应按表 5.47 的规定执行。

表 5.47 钢筋工程(编码:010515)

项目编码	项目名称	项目特征	计量单位	工程量计算规则	工程内容
010515001	现浇混凝土钢筋	钢筋种类、规格	t	按设计图示钢筋(网)长度(面积)乘单位理论质量计算	1. 钢筋制作、运输 2. 钢筋安装 3. 焊接
010515002	预制构件钢筋				
010515003	钢筋网片				1. 钢筋网制作、运输 2. 钢筋网安装 3. 焊接
040416004	钢筋笼				1. 钢筋笼制作、运输 2. 钢筋笼安装 3. 焊接

续表 5.47

项目编码	项目名称	项目特征	计量单位	工程量计算规则	工程内容
010515005	先张法预应力钢筋	1. 钢筋种类、规格 2. 锚具种类		按设计图示钢筋长度乘单位理论质量计算	1. 钢筋制作、运输 2. 钢筋张拉
010515006	后张法预应力钢筋			按设计图示钢筋(丝束、绞线)长度乘单位理论质量计算 1. 低合金钢筋两端均采用螺杆锚具时,钢筋长度按孔道长度减0.35 m计算,螺杆另行计算 2. 低合金钢筋一端采用镦头插片,另一端采用螺杆锚具时,钢筋长度按孔道长度计算,螺杆另行计算 3. 低合金钢筋一端采用镦头插片,另一端采用帮条锚具时,钢筋增加0.15 m计算;两端均采用帮条锚具时,钢筋长度按孔道长度增加0.3 m计算 4. 低合金钢筋采用后张混凝土自锚时,钢筋长度按孔道长度增加0.35 m计算 5. 低合金钢筋(钢绞线)采用JM、XM、QM型锚具,孔道长度≤20 m时,钢筋长度增加1 m计算,孔道长度>20 m时,钢筋长度增加1.8 m计算 6. 碳素钢丝采用锥形锚具,孔道长度≤20 m时,钢丝束长度按孔道长度增加1 m计算,孔道长度>20 m时,钢丝束长度按孔道长度增加1.8 m计算 7. 碳素钢丝采用镦头锚具时,钢丝束长度按孔道长度增加0.35 m计算	1. 钢筋、钢丝、钢绞线制作、运输 2. 钢筋、钢丝、钢绞线安装 3. 预埋管孔道铺设 4. 锚具安装 5. 砂浆制作、运输 6. 孔道压浆、养护
010515007	预应力钢丝				
010515008	预应力钢绞线	1. 钢筋种类、规格 2. 钢丝种类、规格 3. 钢绞线种类、规格 4. 锚具种类 5. 砂浆强度等级	t		
010515009	支撑钢筋(铁马)	1. 钢筋种类 2. 规格		按钢筋长度乘单位理论质量计算	钢筋制作、焊接、安装
0101515010	声测管	1. 材质 2. 规格型号		按设计图示尺寸质量计算	1. 检测管截断、封头 2. 套管制作、焊接 3. 定位、固定

16. 螺栓、铁件

螺栓、铁件工程量清单项目设置及工程量计算规则,应按表5.48的规定执行。

表5.48　螺栓、铁件(编码:010516)

项目编码	项目名称	项目特征	计量单位	工程量计算规则	工程内容
010516001	螺栓	1. 螺栓种类 2. 规格	t	按设计图示尺寸以质量计算	1. 螺栓、铁件制作、运输 2. 螺栓、铁件安装
010516002	预埋铁件	1. 钢材种类 2. 规格 3. 铁件尺寸			
010516003	机械连接	1. 连接方式 2. 螺纹套筒种类 3. 规格	个	按数量计算	1. 钢筋套丝 2. 套筒连接

【例5.14】　计算如图5.17所示地基梁的清单工程量(用组合钢模板、钢支撑)。

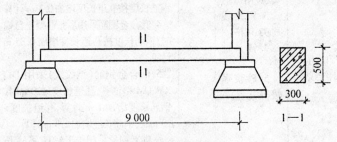

图5.17　地基梁示意图

【解】　地基梁清单工程量:

$$V/\mathrm{m^3} = 9.0 \times 0.3 \times 0.5 = 1.35$$

清单工程量计算见表5.49。

表5.49　清单工程量计算表

项目编码	项目名称	项目特征描述	计量单位	工程量
010503001001	基础梁	地基梁断面为300 mm×500 mm	m³	1.35

【例5.15】　已知如图5.18所示,预制混凝土T形吊车梁,木模板,计算其清单工程量。

【解】　吊车梁工程量:

$$V/\mathrm{m^3} = (0.2 \times 0.74 + 0.4 \times 0.35) \times 7.6 = 2.19$$

清单工程量计算表见表5.50。

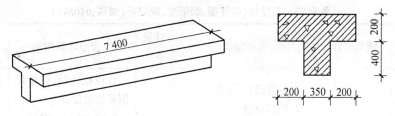

图 5.18　预制混凝土 T 形吊车梁示意图

表 5.50　清单工程量计算表

项目编码	项目名称	项目特征描述	计量单位	工程量
010510002001	异形梁	T 形吊车梁	m^3	2.19

5.2.6　金属结构工程

1. 钢网架

钢网架工程量清单项目设置、项目特征描述、计量单位及工程量计算规则应按表5.51的规定执行。

表 5.51　钢网架(编码:010601)

项目编码	项目名称	项目特征	计量单位	工程量计算规则	工程内容
010601001	钢网架	1. 钢材品种、规格 2. 网架节点形式、连接方式 3. 网架跨度、安装高度 4. 探伤要求 5. 防火要求	t	按设计图示尺寸以质量计算不扣除孔眼的质量,焊条、铆钉、螺栓等不另增加质量	1. 拼装 2. 安装 3. 探伤 4. 补刷油漆

2. 钢屋架、钢托架、钢桁架、钢架桥

钢屋架、钢托架、钢桁架、钢架桥工程量清单项目设置、项目特征描述、计量单位及工程量计算规则应按表5.52的规定执行。

表 5.52　钢屋架、钢托架、钢桁架、钢架桥（编码：010602）

项目编码	项目名称	项目特征	计量单位	工程量计算规则	工程内容
010602001	钢屋架	1. 钢材品种、规格 2. 单榀质量 3. 屋架跨度、安装高度 4. 螺栓种类 5. 探伤要求 6. 防火要求	1. 榀 2. t	1. 以榀计量，按设计图示数量计算 2. 以吨计量，按设计图示尺寸以质量计算。不扣除孔眼的质量，焊条、铆钉、螺栓等不另增加质量	1. 拼装 2. 安装 3. 探伤 4. 补刷油漆
010602002	钢托架	1. 钢材品种、规格 2. 单榀质量 3. 安装高度 4. 螺栓种类 5. 探伤要求 6. 防火要求	t	按设计图示尺寸以质量计算不扣除孔眼的质量，焊条、铆钉、螺栓等不另增加质量	
010602003	钢桁架				
010602004	钢桥架	1. 桥架类型 2. 钢材品种、规格 3. 单榀质量 4. 安装高度 5. 螺栓种类 6. 探伤要求		按设计图示尺寸以质量计算不扣除孔眼的质量，焊条、铆钉、螺栓等不另增加质量	1. 拼装 2. 安装 3. 探伤 4. 补刷油漆

3. 钢柱

　　钢柱工程量清单项目设置、项目特征描述、计量单位及工程量计算规则应按表 5.53 的规定执行。

表 5.53 钢柱(编码:010603)

项目编码	项目名称	项目特征	计量单位	工程量计算规则	工程内容
010603001	实腹钢柱	1. 柱类型 2. 钢材品种、规格 3. 单根柱质量	t	按设计图示尺寸以质量计算。不扣除孔眼的质量,焊条、铆钉、螺栓等不另增加质量,依附在钢柱上的牛腿及悬臂梁等并入钢柱工程量内	1. 拼装 2. 安装 3. 探伤 4. 补刷油漆
010603002	空腹钢柱	4. 螺栓种类 5. 探伤要求 6. 防火要求			
010603003	钢管柱	1. 钢材品种、规格 2. 单根柱重量 3. 螺栓种类 4. 探伤要求 5. 防火要求		按设计图示尺寸以质量计算不扣除孔眼的质量,焊条、铆钉、螺栓等不另增加质量,钢管柱上的节点板、加强环、内衬管、牛腿等并入钢管柱工程量内	

4. 钢梁

钢梁工程量清单项目设置、项目特征描述、计量单位及工程量计算规则应按表 5.54 的规定执行。

表 5.54 钢梁(编码:010604)

项目编码	项目名称	项目特征	计量单位	工程量计算规则	工程内容
010604001	钢梁	1. 梁类型 2. 钢材品种、规格 3. 单根重量 4. 螺栓种类 5. 安装高度 6. 探伤要求 7. 防火要求	t	按设计图示尺寸以质量计算不扣除孔眼的质量,焊条、铆钉、螺栓等不另增加质量,制动梁、制动板、制动桁架、车挡并入钢吊车梁工程量内	1. 拼装 2. 安装 3. 探伤 4. 补刷油漆
010604002	钢吊车梁	1. 钢材品种、规格 2. 单根质量 3. 螺栓种类 4. 安装高度 5. 探伤要求 6. 防火要求			

5. 钢板楼板、墙板

钢板楼板、墙板工程量清单项目设置、项目特征描述、计量单位及工程量计算规则应按表 5.55 的规定执行。

表 5.55　钢板楼板、墙板(编码:010605)

项目编码	项目名称	项目特征	计量单位	工程量计算规则	工程内容
010605001	钢板楼板	1. 钢材品种、规格 2. 钢板厚度 3. 螺栓种类 4. 防火要求	m²	按设计图示尺寸以铺设水平投影面积计算不扣除单个面积≤0.3 m²柱、垛及孔洞所占面积	1. 制作 2. 运输 3. 安装 4. 刷油漆
010605002	钢板墙板	1. 钢材品种、规格 2. 钢板厚度、复合板厚度 3. 螺栓种类 4. 复合板夹芯材料种类、层数、型号、规格 5. 防火要求		按设计图示尺寸以铺挂面积计算不扣除单个面积≤0.3 m²的梁、孔洞所占面积,包角、包边、窗台泛水等不另加面积	

6. 钢构件

钢构件工程量清单项目设置、项目特征描述、计量单位及工程量计算规则应按表5.56的规定执行。

表 5.56　钢构件(编码:010606)

项目编码	项目名称	项目特征	计量单位	工程量计算规则	工程内容
010606001	钢支撑、钢拉条	1. 钢材品种、规格 2. 构件类型 3. 安装高度 4. 螺栓种类 5. 探伤要求 6. 防火要求	t	按设计图示尺寸以质量计算不扣除孔眼的质量,焊条、铆钉、螺栓等不另增加质量	1. 拼装 2. 安装 3. 探伤 4. 补刷油漆
010606002	钢檩条	1. 钢材品种、规格 2. 构件类型 3. 单根质量 4. 安装高度 5. 螺栓种类 6. 探伤要求 7. 防火要求			

续表 5.56

项目编码	项目名称	项目特征	计量单位	工程量计算规则	工程内容
010606003	钢天窗架	1.钢材品种、规格 2.单榀质量 3.安装高度 4.螺栓种类 5.探伤要求 6.防火要求		按设计图示尺寸以质量计算不扣除孔眼的质量,焊条、铆钉、螺栓等不另增加质量	
010606004	钢挡风架	1.钢材品种、规格 2.单榀质量 3.螺栓种类 4.探伤要求 5.防火要求			
010606005	钢墙架				
010606006	钢平台	1.钢材品种、规格 2.螺栓种类 3.防火要求			
010606007	钢走道				1.拼装 2.安装 3.探伤 4.补刷油漆
010606008	钢梯	1.钢材品种、规格 2.钢梯形式 3.螺栓种类 4.防火要求	t		
010606009	钢栏杆	1.钢材品种、规格 2.防火要求		按设计图示尺寸以质量计算不扣除孔眼的质量,焊条、铆钉、螺栓等不另增加质量,依附漏斗或天沟的型钢并入漏斗或天沟工程量内	
010606010	钢漏斗	1.钢材品种、规格 2.漏斗、天沟形式 3.安装高度 4.探伤要求			
010606011	钢板天沟				
010606012	钢支架	1.钢材品种、规格 2.安装高度 3.防火要求		按设计图示尺寸以质量计算不扣除孔眼的质量,焊条、铆钉、螺栓等不另增加质量	
010606013	零星钢构件	1.构件名称 2.钢材品种、规格			

7. 金属制品

金属制品工程量清单项目设置、项目特征描述、计量单位及工程量计算规则应按表 5.57 的规定执行。

表 5.57 金属制品(编码:010607)

项目编码	项目名称	项目特征	计量单位	工程量计算规则	工程内容
010607001	成品空调金属百页护栏	1.材料品种、规格 2.边框材质	m²	按设计图示尺寸以框外围展开面积计算	1.安装 2.校正 3.预埋铁件及安螺栓
010607002	成品栅栏	1.材料品种、规格 2.边框及立柱型钢品种、规格			1.安装 2.校正 3.预埋铁件 4.安螺栓及金属立柱
010607003	成品雨篷	1.材料品种、规格 2.雨篷宽度 3.凉衣杆品种、规格	1. m 2. m²	1.以米计量,按设计图示接触边以米计算 2.以平方米计量,按设计图示尺寸以展开面积计算	1.安装 2.校正 3.预埋铁件及安螺栓
010607004	金属网栏	1.材料品种、规格 2.边框及立柱型钢品种、规格		按设计图示尺寸以框外围展开面积计算	1.安装 2.校正 3.安螺栓及金属立柱
010607005	砌块墙钢丝网加固	1.材料品种、规格 2.加固方式	m²	按设计图示尺寸以面积计算	1.铺贴 2.铆固
010607006	后浇带金属网				

【例 5.16】 厚度为 8 mm 的,边长不等的不规则五边形钢板,如图 5.19 所示。请计算清单工程量。

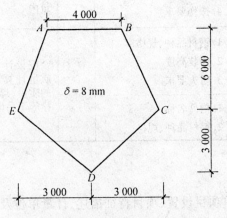

图 5.19 五边形钢板尺寸示意图

【解】 8 mm 厚钢板的理论质量为 62.8 kg/m²。

钢板的计算面积按其外接矩形面积计算：

$$S/m^2 = (3+3) \times (3+6) = 54$$

清单工程量为：

$$62.8 \times 54 = 3391.2 \text{ kg} \approx 3.39 \text{ t}$$

清单工程量计算表见表 5.58。

表 5.58 清单工程量计算表

项目编码	项目名称	项目特征描述	计量单位	工程量
010606013001	零星钢构件	钢板厚度为 8 mm	t	3.39

5.2.7 木结构工程

1. 木屋架

木屋架工程量清单项目设置、项目特征描述、计量单位及工程量计算规则应按表5.59的规定执行。

表 5.59 木屋架(编码:010701)

项目编码	项目名称	项目特征	计量单位	工程量计算规则	工程内容
010702001	木屋架	1. 跨度 2. 材料品种、规格 3. 刨光要求 4. 拉杆及夹板种类 5. 防护材料种类	1. 榀 2. m³	1. 以榀计量,按设计图示数量计算 2. 以立方米计量,按设计图示的规格尺寸以体积计算	1. 制作 2. 运输 3. 安装 4. 刷防护材料
010702002	钢木屋架	1. 跨度 2. 木材品种、规格 3. 刨光要求 4. 钢材品种、规格 5. 防护材料种类	榀	以榀计量,按设计图示数量计算	1. 制作 2. 运输 3. 安装 4. 刷防护材料

2. 木构件

木构件工程量清单项目设置、项目特征描述、计量单位及工程量计算规则应按表5.60的规定执行。

表 5.60　木构件(编码:010702)

项目编码	项目名称	项目特征	计量单位	工程量计算规则	工程内容
010702001	木柱	1. 构件规格尺寸 2. 木材种类 3. 刨光要求 4. 防护材料种类	m³	按设计图示尺寸以体积计算	1. 制作 2. 运输 3. 安装 4. 刷防护材料
010702002	木梁				
010702003	木檩		1. m³ 2. m	1. 以立方米计量,按设计图示尺寸以体积计算 2. 以米计量,按设计图示尺寸以长度计算	
010702004	木楼梯	1. 楼梯形式 2. 木材种类 3. 刨光要求 4. 防护材料种类	m²	按设计图示尺寸以水平投影面积计算。不扣除宽度≤300 mm的楼梯井,伸入墙内部分不计算	
010702005	其他木构件	1. 构件名称 2. 构件规格尺寸 3. 木材种类 4. 刨光要求 5. 防护材料种类	1. m³ 2. m	1. 以立方米计量,按设计图示尺寸以体积计算 2. 以米计量,按设计图示尺寸以长度计算	

3. 屋面木基层

屋面木基层工程量清单项目设置、项目特征描述、计量单位及工程量计算规则应按表 5.61 的规定执行。

表 5.61　屋面木基层(编码:010703)

项目编码	项目名称	项目特征	计量单位	工程量计算规则	工程内容
010703001	屋面木基层	1. 椽子断面尺寸及椽距 2. 望板材料种类、厚度 3. 防护材料种类	m²	按设计图示尺寸以斜面积计算 不扣除房上烟囱、风帽底座、风道、小气窗、斜沟等所占面积。小气窗的出檐部分不增加面积	1. 椽子制作、安装 2. 望板制作、安装 3. 顺水条和挂瓦条制作、安装 4. 刷防护材料

【例 5.17】　如图 5.20 所示木基层,木基层厚度为 1.6 mm,计算屋面板的清单工程量。

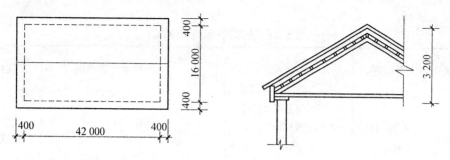

图 5.20　屋面示意图

【解】　清单工程量:

$$V/m^3 = (42+0.4×2)×(16+0.4×2)×0.001\ 6 = 1.15$$

清单工程量计算见表 5.62。

表 5.62　清单工程量计算表

项目编码	项目名称	项目特征描述	计量单位	工程量
010702005001	其他木构件	桐木,厚度 1.6 mm	1.15	m³

5.2.8　门窗工程

1. 木门

木门工程量清单项目设置、项目特征描述、计量单位及工程量计算规则应按表 5.63 中的规定执行。

表 5.63　木门(编码:010801)

项目编码	项目名称	项目特征	计量单位	工程量计算规则	工程内容
010801001	木质门	1. 门代号及洞口尺寸 2. 镶嵌玻璃品种、厚度	1. 樘 2. m²	1. 以樘计量,按设计图示数量计算 2. 以平方米计量,按设计图示洞口尺寸以面积计算	1. 门安装 2. 玻璃安装 3. 五金安装
010801002	木质门带套				
010801003	木质连窗门				
010801004	木质防火门				
010801005	木门框	1. 门代号及洞口尺寸 2. 框截面尺寸 3. 防护材料种类	1. 樘 2. m	1. 以樘计量,按设计图示数量计算 2. 以米计量,按设计图示框的中心线以延长米计算	1. 木门框制作、安装 2. 运输 3. 刷防护材料
010801006	门锁安装	1. 锁品种 2. 锁规格	个(套)	按设计图示数量计算	安装

2. 金属门

金属门工程量清单项目设置、项目特征描述、计量单位及工程量计算规则应按表5.64

中的规定执行。

表 5.64　金属门（编码：010802）

项目编码	项目名称	项目特征	计量单位	工程量计算规则	工程内容
010802001	金属（塑钢）门	1.门代号及洞口尺寸 2.门框或扇外围尺寸 3.门框、扇材质 4.玻璃品种、厚度	1.樘 2. m²	1.以樘计量，按设计图示数量计算 2.以平方米计量，按设计图示洞口尺寸以面积计算	1.门安装 2.五金安装 3.玻璃安装
010802002	彩板门	1.门代号及洞口尺寸 2.门框或扇外围尺寸			
010802003	钢质防火门	1.门代号及洞口尺寸 2.门框或扇外围尺寸 3.门框、扇材质		1.以樘计量，按设计图示数量计算 2.以平方米计量，按设计图示洞口尺寸以面积计算	1.门安装 2.五金安装
010802004	防盗门				

3. 金属卷帘（闸）门

金属卷帘（闸）门工程量清单项目设置、项目特征描述、计量单位及工程量计算规则应按表 5.65 中的规定执行。

表 5.65　金属卷帘（闸）门（编码：010803）

项目编码	项目名称	项目特征	计量单位	工程量计算规则	工程内容
010803001	金属卷帘（闸）门	1.门代号及洞口尺寸 2.门材质 3.启动装置品种、规格	1.樘 2. m²	1.以樘计量，按设计图示数量计算 2.以平方米计量，按设计图示洞口尺寸以面积计算	1.门运输、安装 2.启动装置、活动小门、五金安装
010803002	防火卷帘（闸）门				

4. 厂库房大门、特种门

厂库房大门、特种门工程量清单项目设置、项目特征描述、计量单位及工程量计算规则应按表 5.66 的规定执行。

表 5.66 厂库房大门、特种门(编码:010804)

项目编码	项目名称	项目特征	计量单位	工程量计算规则	工程内容
010804001	木板大门	1.门代号及洞口尺寸 2.门框或扇外围尺寸 3.门框、扇材质 4.五金种类、规格 5.防护材料种类	1.樘 2.m²	1.以樘计量,按设计图示数量计算 2.以平方米计量,按设计图示洞口尺寸以面积计算	1.门(骨架)制作、运输 2.门、五金配件安装 3.刷防护材料
010804002	钢木大门				
010804003	全钢板大门				
010804004	防护铁丝门			1.以樘计量,按设计图示数量计算 2.以平方米计量,按设计图示门框或扇以面积计算	
010804005	金属格栅门	1.门代号及洞口尺寸 2.门框或扇外围尺寸 3.门框、扇材质 4.启动装置的品种、规格		1.以樘计量,按设计图示数量计算 2.以平方米计量,按设计图示洞口尺寸以面积计算	1.门安装 2.启动装置、五金配件安装
010804006	钢质花饰大门	1.门代号及洞口尺寸 2.门框或扇外围尺寸 3.门框、扇材质	1.樘 2.m²	1.以樘计量,按设计图示数量计算 2.以平方米计量,按设计图示门框或扇以面积计算	1.门安装 2.五金配件安装
010804007	特种门			1.以樘计量,按设计图示数量计算 2.以平方米计量,按设计图示洞口尺寸以面积计算	

5.其他门

其他门工程量清单项目设置、项目特征描述、计量单位及工程量计算规则应按表5.67中的规定执行。

表 5.67　其他门(编码:010805)

项目编码	项目名称	项目特征	计量单位	工程量计算规则	工程内容
010805001	电子感应门	1.门代号及洞口尺寸 2.门框或扇外围尺寸 3.门框、扇材质 4.玻璃品种、厚度 5.启动装置的品种、规格 6.电子配件品种、规格	1.樘 2.m²	1.以樘计量,按设计图示数量计算 2.以平方米计量,按设计图示洞口尺寸以面积计算	1.门安装 2.启动装置、五金电子配件安装
010805002	旋转门				
010805003	电子对讲门	1.门代号及洞口尺寸 2.门框或扇外围尺寸 3.门材质 4.玻璃品种、厚度 5.启动装置的品种、规格 6.电子配件品种、规格			
010805004	电动伸缩门				
010805005	全玻自由门	1.门代号及洞口尺寸 2.门框或扇外围尺寸 3.框材质 4.玻璃品种、厚度			1.门安装 2.启动装置、五金电子配件安装
010805006	镜面不锈钢饰面门	1.门代号及洞口尺寸 2.门框或扇外围尺寸 3.框、扇材质 4.玻璃品种、厚度			
010805007	复合材料门				

6. 木窗

木窗工程量清单项目设置、项目特征描述、计量单位及工程量计算规则应按表 5.68 中的规定执行。

表5.68　木窗(编码:010806)

项目编码	项目名称	项目特征	计量单位	工程量计算规则	工程内容
010806001	木质窗	1.窗代号及洞口尺寸 2.玻璃品种、厚度 3.防护材料种类	1.樘 2.m²	1.以樘计量,按设计图示数量计算 2.以平方米计量,按设计图示洞口尺寸以面积计算	1.窗安装 2.五金、玻璃安装
010806003	木飘(凸)窗				
010806002	木橱窗	1.窗代号 2.框截面及外围展开面积 3.玻璃品种、厚度 4.防护材料种类		1.以樘计量,按设计图示数量计算 2.以平方米计量,按设计图示尺寸以框外围展开面积计算	1.窗制作、运输、安装 2.五金、玻璃安装 3.刷防护材料
010806004	木纱窗	1.窗代号及框的外围尺寸 2.纱窗材料品种、规格		1.以樘计量,按设计图示数量计算 2.以平方米计量,按框的外围尺寸以面积计算	1.窗安装 2.五金安装

7. 金属窗

金属窗工程量清单项目设置及工程量计算规则应按表5.69中的规定执行。

表5.69　金属窗(编码:010807)

项目编码	项目名称	项目特征	计量单位	工程量计算规则	工程内容
010807001	金属(塑钢、断桥)窗	1.窗代号及洞口尺寸 2.框、扇材质 3.玻璃品种、厚度	1.樘 2.m²	1.以樘计量,按设计图示数量计算 2.以平方米计量,按设计图示洞口尺寸以面积计算	1.窗安装 2.五金、玻璃安装
010807002	金属防火窗				
010807003	金属百叶窗				1.窗安装 2.五金安装
010807004	金属纱窗	1.窗代号及洞口尺寸 2.框材质 3.窗纱材料品种、规格	1.樘 2.m²	1.以樘计量,按设计图示数量计算 2.以平方米计量,按框的外围尺寸以面积计算	1.窗安装 2.五金安装

续表 5.69

项目编码	项目名称	项目特征	计量单位	工程量计算规则	工程内容
010807005	金属格栅窗	1. 窗代号及洞口尺寸 2. 框外围尺寸 3. 框、扇材质	1. 樘 2. m²	1. 以樘计量,按设计图示数量计算 2. 以平方米计量,按设计图示洞口尺寸以面积计算	1. 窗安装 2. 五金安装
010807006	金属(塑钢、断桥)橱窗	1. 窗代号 2. 框外围展开面积 3. 框、扇材质 4. 玻璃品种、厚度 5. 防护材料种类		1. 以樘计量,按设计图示数量计算 2. 以平方米计量,按设计图示尺寸以框外围展开面积计算	1. 窗制作、运输、安装 2. 五金、玻璃安装 3. 刷防护材料
010807007	金属(塑钢、断桥)飘(凸)窗	1. 窗代号 2. 框外围展开面积 3. 框、扇材质 4. 玻璃品种、厚度			1. 窗安装 2. 五金、玻璃安装
010807008	彩板窗	1. 窗代号及洞口尺寸 2. 框外围尺寸 3. 框、扇材质 4. 玻璃品种、厚度		1. 以樘计量,按设计图示数量计算 2. 以平方米计量,按设计图示洞口尺寸或框外围以面积计算	
010807009	复合材料窗				

8. 门窗套

门窗套工程量清单项目设置、项目特征描述、计量单位及工程量计算规则应按表 5.70 中的规定执行。

表5.70 门窗套(编码:010808)

项目编码	项目名称	项目特征	计量单位	工程量计算规则	工程内容
010808001	木门窗套	1.窗代号及洞口尺寸 2.门窗套展开宽度 3.基层材料种类 4.面层材料品种、规格 5.线条品种、规格 6.防护材料种类	1.樘 2.m² 3.m	1.以樘计量,按设计图示数量计算 2.以平方米计量,按设计图示尺寸以展开面积计算 3.以米计量,按设计图示中心以延长米计算	1.清理基层 2.立筋制作、安装 3.基层板安装 4.面层铺贴 5.线条安装 6.刷防护材料
010808002	木筒子板	1.筒子板宽度 2.基层材料种类 3.面层材料品种、规格 4.线条品种、规格 5.防护材料种类			1.清理基层 2.立筋制作、安装 3.基层板安装 4.面层铺贴 5.刷防护材料
010808003	饰面夹板筒子板				
010808004	金属门窗套	1.窗代号及洞口尺寸 2.门窗套展开宽度 3.基层材料种类 4.面层材料品种、规格 5.防护材料种类			
010808005	石材门窗套	1.窗代号及洞口尺寸 2.门窗套展开宽度 3.黏结层厚度、砂浆配合比 4.面层材料品种、规格 5.线条品种、规格			1.清理基层 2.立筋制作、安装 3.基层抹灰 4.面层铺贴 5.线条安装
010808006	门窗木贴脸	1.门窗代号及洞口尺寸 2.贴脸板宽度 5.防护材料种类	1.樘 2.m	1.以樘计量,按设计图示数量计算 2.以米计量,按设计图示尺寸以延长米计算	安装
010808007	成品木门窗套	1.窗代号及洞口尺寸 2.门窗套展开宽度 3.门窗套材料品种、规格	1.樘 2.m² 3.m	1.以樘计量,按设计图示数量计算 2.以平方米计量,按设计图示尺寸以展开面积计算 3.以米计量,按设计图示中心以延长米计算	1.清理基层 2.立筋制作、安装 3.板安装

9. 窗台板

窗台板工程量清单项目设置、项目特征描述、计量单位及工程量计算规则应按表5.71中的规定执行。

表 5.71　窗台板(编码:010809)

项目编码	项目名称	项目特征	计量单位	工程量计算规则	工程内容
010809001	木窗台板	1. 基层材料种类 2. 窗台面板材质、规格、颜色 3. 防护材料种类	m²	按设计图示尺寸以展开面积计算	1. 基层清理 2. 基层制作、安装 3. 窗台板制作、安装 4. 刷防护材料
010809002	铝塑窗台板				
010809003	金属窗台板				
010809004	石材窗台板	1. 黏结层厚度、砂浆配合比 2. 窗台板材质、规格、颜色			1. 基层清理 2. 抹找平层 3. 窗台板制作、安装

10. 窗帘、窗帘盒、轨

窗帘、窗帘盒、轨工程量清单项目设置、项目特征描述、计量单位及工程量计算规则应按表5.72中的规定执行。

表 5.72　窗帘、窗帘盒、轨(编码:010810)

项目编码	项目名称	项目特征	计量单位	工程量计算规则	工程内容
010810001	窗帘(杆)	1. 窗帘材质 2. 窗帘高度、宽度 3. 窗帘层数 4. 带幔要求		1. 以米计量,按设计图示尺寸以成活后长度计算 2. 以平方米计量,按图示尺寸以成活后展开面积计算	1. 制作、运输 2. 安装
010810002	木窗帘盒	1. 窗帘盒材质、规格 2. 防护材料种类	m	按设计图示尺寸以长度计算	1. 制作、运输、安装 2. 刷防护材料
010810003	饰面夹板、塑料窗帘盒				
010810004	铝合金窗帘盒				
010810005	窗帘轨	1. 窗帘轨材质、规格 2. 轨的数量 3. 防护材料种类			

【例5.18】 冷藏库门尺寸如图5.21所示,保温层厚120 mm,试编制工程量清单计价表及综合单价计算表(管理费按直接费的35%计,利润按直接费的5%计)。

图5.21 冷藏库门

【解】 (1)清单工程量计算:1樘

(2)定额工程量计算:

门扇制作、安装:$2.1 \times 1.0 = 2.1$ m²

门配件:1樘

分部分项工程和单价措施项目清单与计价表见表5.73,综合单价分析表见表5.74。

表5.73 分部分项工程和单价措施项目清单与计价表

序号	项目编号	项目名称	项目特征描述	计算单位	工程数量	金额/元			
						综合单价	合价	其中	
								暂估价	
1	010804007001	特种门	冷藏库门,推拉式,有框、一扇门,尺寸:2 100×1 000	樘	1	1 001.43	1 001.43		
			合计						

表 5.74　综合单价分析表

项目编号	010501002001	项目名称	钢木大门	计量单位	m²	工程量	1

综合单价组成明细

定额编号	定额项目名称	定额单位	数量	单价/元				合价/元			
				人工费	材料费	机械费	管理费和利润	人工费	材料费	机械费	管理费和利润
一	冷藏库门	樘	1	98.87	616.44	—	286.12	98.87	616.44	—	286.12
人工单价			小计					98.87	616.44	—	286.12
28 元/工日			未计价材料费					—			
清单项目综合单价								1 001.43			

5.2.9 屋面及防水工程

1. 瓦、型材及其他屋面

瓦、型材及其他屋面工程量清单项目设置、项目特征描述、计量单位及工程量计算规则应按表 5.75 的规定执行。

表 5.75 瓦、型材及其他屋面(编码:010901)

项目编码	项目名称	项目特征	计量单位	工程量计算规则	工程内容
010901001	瓦屋面	1. 瓦品种、规格 2. 黏结层砂浆的配合比	m²	按设计图示尺寸以斜面积计算 不扣除房上烟囱、风帽底座、风道、小气窗、斜沟等所占面积。小气窗的出檐部分不增加面积	1. 砂浆制作、运输、摊铺、养护 2. 安瓦、作瓦脊
010901002	型材屋面	1. 型材品种、规格 2. 金属檩条材料品种、规格 3. 接缝、嵌缝材料种类			1. 檩条制作、运输、安装 2. 屋面型材安装 3. 接缝、嵌缝
010901003	阳光板屋面	1. 阳光板品种、规格 2. 骨架材料品种、规格 3. 接缝、嵌缝材料种类 4. 油漆品种、刷漆遍数		按设计图示尺寸以斜面积计算 不扣除屋面面积 ≤ 0.3 m²孔洞所占面积	1. 骨架制作、运输、安装、刷防护材料、油漆 2. 阳光板安装 3. 接缝、嵌缝
010901004	玻璃钢屋面	1. 玻璃钢品种、规格 2. 骨架材料品种、规格 3. 玻璃钢固定方式 4. 接缝、嵌缝材料种类 5. 油漆品种、刷漆遍数		按设计图示尺寸以斜面积计算 不扣除屋面面积 ≤ 0.3 m²孔洞所占面积	1. 骨架制作、运输、安装、刷防护材料、油漆 2. 玻璃钢制作、安装 3. 接缝、嵌缝
010901005	膜结构屋面	1. 膜布品种、规格 2. 支柱(网架)钢材品种、规格 3. 钢丝绳品种、规格 4. 锚固基座做法 5. 油漆品种、刷漆遍数	m²	按设计图示尺寸以需要覆盖的水平投影面积计算	1. 膜布热压胶接 2. 支柱(网架)制作、安装 3. 膜布安装 4. 穿钢丝绳、锚头锚固 5. 锚固基座挖土、回填 6. 刷防护材料、油漆

2. 屋面防水及其他

屋面防水及其他工程量清单项目设置、项目特征描述、计量单位及工程量计算规则应按表 5.76 的规定执行。

表 5.76 屋面防水及其他(编码:010902)

项目编码	项目名称	项目特征	计量单位	工程量计算规则	工程内容
010902001	屋面卷材防水	1. 卷材品种、规格、厚度 2. 防水层数 3. 防水层做法	m²	按设计图示尺寸以面积计算 1. 斜屋顶(不包括平屋顶找坡)按斜面积计算,平屋顶按水平投影面积计算 2. 不扣除房上烟囱、风帽底座、风道、屋面小气窗和斜沟所占面积 3. 屋面的女儿墙、伸缩缝和天窗等处的弯起部分,并入屋面工程量内	1. 基层处理 2. 刷底油 3. 铺油毡卷材、接缝
010902002	屋面涂膜防水	1. 防水膜品种 2. 涂膜厚度、遍数 3. 增强材料种类			1. 基层处理 2. 刷基层处理剂 3. 铺布、喷涂防水层
010902003	屋面刚性层	1. 刚性层厚度 2. 混凝土强度等级 3. 嵌缝材料种类 4. 钢筋规格、型号	m²	按设计图示尺寸以面积计算不扣除房上烟囱、风帽底座、风道等所占面积	1. 基层处理 2. 混凝土制作、运输、铺筑、养护 3. 钢筋制作
010902004	屋面排水管	1. 排水管品种、规格 2. 雨水斗、山墙出水口品种、规格 3. 接缝、嵌缝材料种类 4. 油漆品种、刷漆遍数	m	按设计图示尺寸以长度计算如设计未标注尺寸,以檐口至设计室外散水上表面垂直距离计算	1. 排水管及配件安装、固定 2. 雨水斗、山墙出水口、雨水箅子安装 3. 接缝、嵌缝 4. 刷漆
010902005	屋面排(透)气管	1. 排(透)气管品种、规格 2. 接缝、嵌缝材料种类 3. 油漆品种、刷漆遍数		按设计图示尺寸以长度计算	1. 排(透)气管及配件安装、固定 2. 铁件制作、安装 3. 接缝、嵌缝 4. 刷漆
010902006	屋面(廊、阳台)泄(吐)水管	1. 吐水管品种、规格 2. 接缝、嵌缝材料种类 3. 吐水管长度 4. 油漆品种、刷漆遍数	根(个)	按设计图示数量计算	1. 水管及配件安装、固定 2. 接缝、嵌缝 3. 刷漆

续表 5.76

项目编码	项目名称	项目特征	计量单位	工程量计算规则	工程内容
010902007	屋面天沟、檐沟	1. 材料品种、规格 2. 接缝、嵌缝材料种类	m²	按设计图示尺寸以展开面积计算	1. 天沟材料铺设 2. 天沟配件安装 3. 接缝、嵌缝 4. 刷防护材料
010902008	屋面变形缝	1. 嵌缝材料种类 2. 止水带材料种类 3. 盖缝材料 4. 防护材料种类	m	按设计图示以长度计算	1. 清缝 2. 填塞防水材料 3. 止水带安装 4. 盖缝制作、安装 5. 刷防护材料

3. 墙面防水、防潮

墙面防水、防潮工程量清单项目设置、项目特征描述、计量单位及工程量计算规则应按表 5.77 的规定执行。

表 5.77 墙面防水、防潮(编码:010903)

项目编码	项目名称	项目特征	计量单位	工程量计算规则	工程内容
010903001	墙面卷材防水	1. 卷材品种、规格、厚度 2. 防水层数 3. 防水层做法	m²	按设计图示尺寸以面积计算	1. 基层处理 2. 刷黏结剂 3. 铺防水卷材 4. 接缝、嵌缝
010903002	墙面涂膜防水	1. 防水膜品种 2. 涂膜厚度、遍数 3. 增强材料种类			1. 基层处理 2. 刷基层处理剂 3. 铺布、喷涂防水层
010903003	墙面砂浆防水(防潮)	1. 防水层做法 2. 砂浆厚度、配合比 3. 钢丝网规格			1. 基层处理 2. 挂钢丝网片 3. 设置分格缝 4. 砂浆制作、运输、摊铺、养护
010903004	墙面变形缝	1. 嵌缝材料种类 2. 止水带材料种类 3. 盖缝材料 4. 防护材料种类	m	按设计图示以长度计算	1. 清缝 2. 填塞防水材料 3. 止水带安装 4. 盖缝制作、安装 5. 刷防护材料

4. 楼(地)面防水、防潮

楼(地)面防水、防潮工程量清单项目设置、项目特征描述、计量单位及工程量计算规则应按表 5.78 的规定执行。

表 5.78　楼(地)面防水、防潮(编码:010904)

项目编码	项目名称	项目特征	计量单位	工程量计算规则	工程内容
010904001	楼(地)面卷材防水	1. 卷材品种、规格、厚度 2. 防水层数 3. 防水层做法 4. 反边高度	m²	按设计图示尺寸以面积计算 1. 楼(地)面防水:按主墙间净空面积计算,扣除凸出地面的构筑物、设备基础等所占面积,不扣除间壁墙及单个面积 ≤0.3 m² 柱、垛、烟囱和孔洞所占面积 2. 楼(地)面防水反边高度 ≤300 mm 算作地面防水,反边高度 >300 mm 算作墙面防水	1. 基层处理 2. 刷黏结剂 3. 铺防水卷材 4. 接缝、嵌缝
010904002	楼(地)面涂膜防水	1. 防水膜品种 2. 涂膜厚度、遍数 3. 增强材料种类 4. 反边高度	m²		1. 基层处理 2. 刷基层处理剂 3. 铺布、喷涂防水层
010904003	楼(地)面砂浆防水(防潮)	1. 防水层做法 2. 砂浆厚度、配合比 3. 反边高度			1. 基层处理 2. 砂浆制作、运输、摊铺、养护
010904004	楼(地)面变形缝	1. 嵌缝材料种类 2. 止水带材料种类 3. 盖缝材料 4. 防护材料种类	m	按设计图示以长度计算	1. 清缝 2. 填塞防水材料 3. 止水带安装 4. 盖缝制作、安装 5. 刷防护材料

【例 5.19】 如图 5.22 所示,屋面采用屋面刚性防水,采用 40 mm 厚 1:2 防水砂浆,油膏嵌缝,50 mm 厚 C30 细石混凝土,计算其清单工程量。

【解】 清单工程量:$S/m^2 = 13 \times 72 = 936$

清单工程量计算见表 5.79。

表 5.79　清单工程量计算表

项目编码	项目名称	项目特征描述	计量单位	工程量
010902003001	屋面刚性层	40 mm 厚 1:2 防水砂浆,油膏嵌缝,50 mm厚 C30 细石混凝土	936	m²

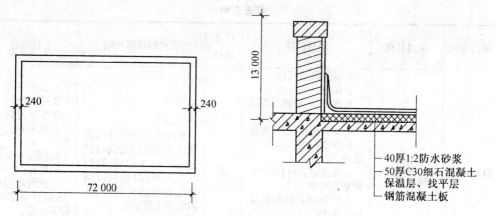

图 5.22 刚性防水屋面平面图

5.2.10 保温、隔热、防腐工程

1. 保温、隔热

保温、隔热工程量清单项目设置、项目特征描述、计量单位及工程量计算规则应按表 5.80 的规定执行。

表 5.80 保温、隔热(编码:011001)

项目编码	项目名称	项目特征	计量单位	工程量计算规则	工程内容
011001001	保温隔热屋面	1. 保温隔热材料品种、规格、厚度 2. 隔气层材料品种、厚度 3. 黏结材料种类、做法 4. 防护材料种类、做法	m²	按设计图示尺寸以面积计算扣除面积 > 0.3 m²孔洞及占位面积	1. 基层清理 2. 刷黏结材料 3. 铺黏保温层 4. 铺、刷(喷)防护材料
011001002	保温隔热天棚	1. 保温隔热面层材料品种、规格、性能 2. 保温隔热材料品种、规格及厚度 3. 黏结材料种类及做法 4. 防护材料种类及做法	m²	按设计图示尺寸以面积计算扣除面积 > 0.3 m²上柱、垛、孔洞所占面积	

续表 5.80

项目编码	项目名称	项目特征	计量单位	工程量计算规则	工程内容
011001003	保温隔热墙面	1.保温隔热部位 2.保温隔热方式 3.踢脚线、勒脚线保温做法 4.龙骨材料品种、规格 5.保温隔热面层材料品种、规格、性能 6.保温隔热材料品种、规格及厚度 7.增强网及抗裂防水砂浆种类 8.黏结材料种类及做法 9.防护材料种类及做法	m²	按设计图示尺寸以面积计算扣除门窗洞口以及面积>0.3 m²梁、孔洞所占面积;门窗洞口侧壁需作保温时,并入保温墙体工程量内	1.基层清理 2.刷界面剂 3.安装龙骨 4.填贴保温材料 5.保温板安装 6.粘贴面层 7.铺设增强格网、抹抗裂、防水砂浆面层 8.嵌缝 9.铺、刷(喷)防护材料
011001004	保温柱、梁	1.保温隔热部位 2.保温隔热方式 3.踢脚线、勒脚线保温做法 4.龙骨材料品种、规格 5.保温隔热面层材料品种、规格、性能 6.保温隔热材料品种、规格及厚度 7.增强网及抗裂防水砂浆种类 8.黏结材料种类及做法 9.防护材料种类及做法	m²	按设计图示尺寸以面积计算 1.柱按设计图示柱断面保温层中心线展开长度乘保温层高度以面积计算,扣除面积>0.3 m²梁所占面积 2.梁按设计图示梁断面保温层中心线展开长度乘保温层长度以面积计算	1.基层清理 2.刷界面剂 3.安装龙骨 4.填贴保温材料 5.保温板安装 6.黏贴面层 7.铺设增强格网、抹抗裂、防水砂浆面层 8.嵌缝 9.铺、刷(喷)防护材料
011001005	保温隔热楼地面	1.保温隔热部位 2.保温隔热材料品种、规格、厚度 3.隔气层材料品种、厚度 4.黏结材料种类、做法 5.防护材料种类、做法	m²	按设计图示尺寸以面积计算。扣除面积>0.3 m²柱、垛、孔洞所占面积。门洞、空圈、暖气包槽、壁龛的开口部分不增加面积	1.基层清理 2.刷黏结材料 3.铺粘保温层 4.铺、刷(喷)防护材料
011001006	其他保温隔热	1.保温隔热部位 2.保温隔热方式 3.隔气层材料品种、厚度 4.保温隔热面层材料品种、规格、性能 5.保温隔热材料品种、规格及厚度 6.黏结材料种类及做法 7.增强网及抗裂防水砂浆种类 8.防护材料种类及做法	m²	按设计图示尺寸以展开面积计算。扣除面积>0.3 m²孔洞及占位面积	1.基层清理 2.刷界面剂 3.安装龙骨 4.填贴保温材料 5.保温板安装 6.粘贴面层 7.铺设增强格网、抹抗裂防水砂浆面层 8.嵌缝 9.铺、刷(喷)防护材料

2. 防腐面层

防腐面层工程量清单项目设置、项目特征描述、计量单位及工程量计算规则应按表 5.81 的规定执行。

表 5.81 防腐面层(编码:011002)

项目编码	项目名称	项目特征	计量单位	工程量计算规则	工程内容
011002001	防腐混凝土面层	1. 防腐部位 2. 面层厚度 3. 混凝土种类 4. 胶泥种类、配合比			1. 基层清理 2. 基层刷稀胶泥 3. 混凝土制作、运输、摊铺、养护
011002002	防腐砂浆面层	1. 防腐部位 2. 面层厚度 3. 砂浆、胶泥种类、配合比			1. 基层清理 2. 基层刷稀胶泥 3. 砂浆制作、运输、摊铺、养护
011002003	防腐胶泥面层	1. 防腐部位 2. 面层厚度 3. 胶泥种类、配合比	m²	按设计图示尺寸以面积计算 1. 平面防腐:扣除凸出地面的构筑物、设备基础等以及面积>0.3 m² 孔洞、柱、垛所占面积 2. 立面防腐:扣除门、窗、洞口以及面积>0.3 m² 孔洞、梁所占面积,门、窗、洞口侧壁、垛突出部分按展开面积并入墙面积内	1. 基层清理 2. 胶泥调制、摊铺
011002004	玻璃钢防腐面层	1. 防腐部位 2. 玻璃钢种类 3. 贴布材料的种类、层数 4. 面层材料品种			1. 基层清理 2. 刷底漆、刮腻子 3. 胶浆配制涂刷 4. 粘布涂刷面层
011002005	聚氯乙烯板面层	1. 防腐部位 2. 面层材料品种、厚度 3. 黏结材料种类			1. 基层清理 2. 配料、涂胶 3. 聚氯乙烯板铺设
011002006	块料防腐面层	1. 防腐部位 2. 块料品种、规格 3. 黏结材料种类 4. 勾缝材料种类			1. 基层清理 2. 铺贴块料 3. 胶泥调制、勾缝
011002007	池、槽块料防腐面层	1. 防腐池、槽名称、代号 2. 块料品种、规格 3. 黏结材料种类 4. 勾缝材料种类		按设计图示尺寸以展开面积计算	1. 基层清理 2. 铺贴块料 3. 胶泥调制、勾缝

3. 其他防腐

其他防腐工程量清单项目设置、项目特征描述、计量单位及工程量计算规则应按表5.82的规定执行。

表5.82 其他防腐(编码:011003)

项目编码	项目名称	项目特征	计量单位	工程量计算规则	工程内容
011003001	隔离层	1.隔离层部位 2.隔离层材料品种 3.隔离层做法 4.粘贴材料种类	m²	按设计图示尺寸以面积计算 1.平面防腐:扣除凸出地面的构筑物、设备基础等及面积>0.3 m²孔洞、柱、垛所占面积 2.立面防腐:扣除门、窗、洞口及面积>0.3 m²孔洞、梁所占面积,门、窗、洞口侧壁、垛突出部分按展开面积并入墙面积内	1.基层清理、刷油 2.煮沥青 3.胶泥调制 4.隔离层铺设
011003002	砌筑沥青浸渍砖	1.砌筑部位 2.浸渍砖规格 3.胶泥种类 4.浸渍砖砌法	m²	按设计图示尺寸以体积计算	1.基层清理 2.胶泥调制 3.浸渍砖铺砌
011003003	防腐涂料	1.涂刷部位 2.基层材料类型 3.刮腻子的种类、遍数 4.涂料品种、刷涂遍数	m²	按设计图示尺寸以面积计算 1.平面防腐:扣除凸出地面的构筑物、设备基础等及面积>0.3 m²孔洞、柱、垛所占面积 2.立面防腐:扣除门、窗、洞口以及面积>0.3 m²孔洞、梁所占面积,门、窗、洞口侧壁、垛突出部分按展开面积并入墙面积内	1.基层清理 2.刮腻子 3.刷涂料

【例5.20】 某库房地面做1:0.533:0.533:3.121不发火沥青砂浆防腐面层,踢脚线抹1:0.3:1.5:4铁屑砂浆,厚度均为20 mm,踢脚线高度200 mm,如图5.23所示。墙厚均为240 mm,门洞地面做防腐面层,侧边不做踢脚线。试列出该库房工程防腐面层及踢脚线的分部分项工程量清单。

【解】 (1)防腐砂浆面层工程量:

$$S/m^2 = (9.00-0.24)\times(4.50-0.24) = 37.32$$

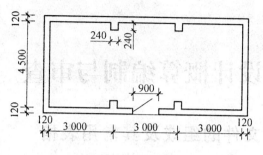
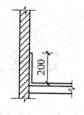

(a) 库房平面示意图　　　　　　(b) 踢脚线示意图

图 5.23　某库房平面示意图和踢脚线示意图

注:依据《房屋建筑与装饰工程工程量计算规范》(GB 50854—2013)规定,防腐地面不扣除面积≤0.3 m²垛,不增加门洞开口部分面积。

(2)砂浆踢脚线工程量:

$$L/m = (9.00-0.24+0.24\times4+4.5-0.24)\times2-0.90 = 27.06$$

分部分项工程和单价措施项目清单与计价表见表 5.83。

表 5.83　分部分项工程和单价措施项目清单与计价表

序号	项目编码	项目名称	项目特征描述	计量单位	工程量	金额/元	
						综合单价	合价
1	011002002001	防腐砂浆面层	1.防腐部位:地面 2.厚度:20 mm 3.砂浆种类、配合比:不发火沥青砂浆1:0.533:0.533:3.121	m²	37.32		
2	011105001001	砂浆踢脚线	1.踢脚线高度:200 mm 2.厚度、砂浆配合比;20 mm,铁屑砂浆1:0.3:1.5:4	m	27.06		

6 建筑工程设计概算编制与审查

6.1 设计概算文件的组成及其常用表格

6.1.1 设计概算文件的组成

1. 三级编制(总概算、综合概算、单位工程概算)形式设计概算文件的组成

(1)封面、签署页及目录;

(2)编制说明;

(3)总概算表;

(4)其他费用表;

(5)综合概算表;

(6)单位工程概算表;

(7)附件:补充单位估价表。

2. 二级编制(总概算、单位工程概算)形式设计概算文件的组成

(1)封面、签署页及目录;

(2)编制说明;

(3)总概算表;

(4)其他费用表;

(5)单位工程概算表;

(6)附件:补充单位估价表。

6.1.2 设计概算文件常用表格

1. 设计概算封面、签署页、目录、编制说明样式

设计概算封面、签署页、目录、编制说明样式见表6.1~6.4。

2. 概算表格格式

概算表格格式见表6.5~6.17:

(1)总概算表(表6.5)为采用三级编制形式的总概算的表格;

(2)总概算表(表6.6)为采用二级编制形式的总概算的表格;

(3)其他费用表(表6.7);

(4)其他费用计算表(表6.8);

(5)综合概算表(表6.9)为单项工程综合概算的表格;

(6)建筑工程概算表(表6.10)为单位工程概算的表格;

(7)设备及安装工程概算表(表6.11)为单位工程概算的表格;

(8)补充单位估价表(表6.12);

(9)主要设备、材料数量及价格表(表6.13);

(10)进口设备、材料货价及从属费用计算表(表6.16);

(11)工程费用计算程序表(表6.17)。

3.调整概算对比表

(1)总概算对比表(表6.14);

(2)综合概算对比表(表6.15)。

表6.1　设计概算封面式样

（工程名称）
设计概算

档　案　号：
共　册　第　册

（编制单位名称）
（工程造价咨询单位执业章）
年　月　日

表6.2　设计概算签署页式样

（工程名称）
设计概算

档　案　号：
共　册　第　册

编制人：　　　　　［执业（从业）印章］

审核人：　　　　　［执业（从业）印章］

审定人：　　　　　［执业（从业）印章］

法定负责人：

表 6.3　设计概算目录式样

序号	编号	名称	页次
1		编制说明	
2		总概算表	
3		其他费用表	
4		预备费计算表	
5		专项费用计算表	
6		×××综合概算表	
7		×××综合概算表	
		……	
8		编制说明	
9		总概算表	
		……	
10		补充单位估价表	
11		主要设备、材料数量及价格表	
12		概算相关资料	

表 6.4　编制说明式样

编制说明
1. 工程概况。
2. 主要技术经济指标。
3. 编制依据。
4. 工程费用计算表:
(1)建筑工程工程费用计算表;
(2)工艺安装工程工程费用计算表;
(3)配套工程工程费用计算表;
(4)其他工程工程费计算表。
5. 引进设备、材料有关费率取定及依据:国外运输费、国外运输保险费、海关税费、增值税、国内运杂费、其他有关税费。
6. 其他有关说明的问题。
7. 引进设备、材料从属费用计算表。

表6.5 总概算表(三级编制形式)

总概算编号： 工程名称： (单元：万元)共 页第 页

序号	概算编号	工程项目或费用名称	建筑工程费	设备购置费	安装工程费	其他费用	合计	其中:引进部分		占总投资比例/%
								美元	折合人民币	
一		工程费用								
1		主要工程								
		××××××								
2		辅助费用								
		××××××								
3		配套工程								
		××××××								
二		其他费用								
1		××××××								
2		××××××								
三		预备费								
四		专项费用								
		××××××								
		××××××								
		建设项目概算总投资								

编制人： 审核人： 审定人：

表6.6 总概算表(二级编制形式)

总概算编号: 　　　工程名称: 　　　(单元:万元)共　　页第　　页

序号	概算编号	工程项目或费用名称	建筑工程费	设备购置费	安装工程费	其他费用	合计	其中:引进部分		占总投资比例/%
								美元	折合人民币	
一		工程费用								
1		主要工程								
(1)	×××	××××××								
(2)	×××	××××××								
2		辅助费用								
(1)	×××	××××××								
3		配套工程								
(1)	×××	××××××								
二		其他费用								
1		××××××								
2		××××××								
三		预备费								
四		专项费用								
		××××××								
		××××××								
		建设项目概算总投资								

编制人: 　　　　　　审核人: 　　　　　　审定人:

表6.7 其他费用表

工程名称： （单元：万元)共 页第 页

序号	费用项目编号	费用项目名称	费用计算基数	费率/%	金额	计算公式	备注

编制人： 审核人：

表6.8 其他费用计算表

其他费用编号： 工程名称： （单元：万元)共 页第 页

序号	费用项目编号	费用项目名称	费用计算基数	费率/%	金额	计算公式	备注

编制人： 审核人：

表6.9 综合概算表

综合概算编号： 工程名称： （单元：万元)共 页第 页

序号	概算编号	工程项目或费用名称	设计规模或主要工程量	建筑工程费	设备购置费	安装工程费	其他费用	合计	其中:引进部分	
									美元	折合人民币
一		主要工程								
1	×××	××××××								
2	×××	××××××								
二		辅助费用								
1	×××	××××××								

续表 6.9

综合概算编号：　　　　　　工程名称：　　　　　（单元：万元)共　　页第　　页

序号	概算编号	工程项目或费用名称	设计规模或主要工程量	建筑工程费	设备购置费	安装工程费	其他费用	合计	其中:引进部分	
									美元	折合人民币
2	×××	××××××								
三		配套工程								
1	×××	××××××								
2	×××	××××××								
		单项工程概算费用合计								

编制人：　　　　　　　　审核人：　　　　　　　　审定人：

表 6.10　建筑工程概算表

单位工程概算编号：　　　　　工程名称(单项工程)：　　　　共　　页第　　页

序号	定额编号	工程项目或费用名称	单位	数量	单价/元				合价/元			
					定额基价	人工费	材料费	机械费	金额	人工费	材料费	机械费
一		土石方工程										
1	××	×××××										
2	××	×××××										
二		砌筑工程										
1	××	×××××										
三		楼地面工程										

续表 6.10

单位工程概算编号：　　　　　工程名称(单项工程)：　　　　　　共　　页第　　页

序号	定额编号	工程项目或费用名称	单位	数量	单价/元				合价/元			
					定额基价	人工费	材料费	机械费	金额	人工费	材料费	机械费
1	××	×××××										
		小计										
		工程综合取费										
		单位工程概算费用合计										

编制人：　　　　　　　　　　审核人：

表 6.12　补充单位估算价

子目名称：　　　　　　　　工作内容：　　　　　　　共　　页第　　页

补充单位估价表编号				
定额基价				
人工费				
材料费				
机械费				
名称	单价	单价		数量
综合工日				
材料				
	其他材料费			
机械				

编制人：　　　　　　　　　　审核人：

表 6.13　主要设备、材料数量及价格表

序号	设备、材料	规格型号及材质	单位	数量	单价	价格来源	备注

编制人：　　　　　　　　　　　　审核人：

表 6.17　工程费用计算程序表

序号	费用名称	取费基础	费率	计算公式

表 6.11　设备及安装工程概算

单位工程概算编号：

工程名称（单项工程）：　　　　　　　　　　　　　　　　　　　　　共　页　第　页

序号	定额编号	工程项目或费用名称	单位	数量	单价/元							合价/元					
					设备费	主材费	定额基价	人工费	其中：定额费	机械费		设备费	主材费	定额费	人工费	其中：定额费	机械费
一		设备安装															
1	××	××××															
2	××	××××															
二		管道安装															
1	××	××××															
三		防腐保温															
		小计															
		工程综合取费															
		合计（单位工程概算费用）															

编制人：　　　　　　　　　　　　　　　　　　　　　审核人：

表 6.14 总概算对比表

工程名称：　　　　　总概算编号：

（单元：万元）共　页第　页

序号	工程项目或费用名称	原批准概算					调整概算					差额（调整概算—原批准概算）	备注
		建筑工程费	设备购置费	安装工程费	其他费用	合计	建筑工程费	设备购置费	安装工程费	其他费用	合计		
一	工程费用												
1	主要工程												
(1)	xxxxx												
(2)	xxxxx												
2	辅助工程												
(1)	xxxxx												
3	配套工程												
(1)	xxxxx												
二	其他费用												
1	xxxxx												
2	xxxxx												
三	预备费												
四	专项费用												
1	xxxxx												
2	xxxxx												
	建设项目概算总投资												

编制人：　　　　　审核人：

表 6.15 综合概算对比表

综合概算编号：　　　　工程名称：　　　　（单元：万元）共　页 第　页

序号	工程项目或费用名称	原批准概算					调整概算					差额（调整概算—原批准概算）	调整的主要原因
		建筑工程费	设备购置费	安装工程费	其他费用	合计	建筑工程费	设备购置费	安装工程费	其他费用	合计		
一	主要工程												
1	xxxxx												
2	xxxxx												
二	辅助工程												
1	xxxxx												
三	配套工程												
1	xxxxx												
1	xxxxx												
	单项工程概算费用合计												

编制人：　　　　审核人：

表 6.16 进口设备、材料货价及从属费用计算表

| 序号 | 设备、材料规格、名称及费用名称 | 单位 | 数量 | 单价/美元 | 外币金额/美元 | | | | | 折合人民币/元 | 人民币金额/元 | | | | | | | | 合计/元 |
					货价	运输费	保险费	其他费用	合计		关税	增值税	银行财务费	外贸手续费	国内运杂费	合计		

编制人：　　　　　　　　审核人：

6.2 单位工程设计概算的编制

6.2.1 单位工程设计概算编制步骤

单位工程设计概算的编制步骤与施工图预算的编制步骤基本相同,其编制步骤如下。

1.熟悉设计文件、了解施工现场情况

熟悉施工图纸等设计文件、掌握工程全貌,明确工程结构形式和特点;调查了解施工现场的地形、地貌和施工作业环境。

2.收集有关基础资料

收集和掌握有关基础资料,其中包括建设地区的工程地质、水文气象、交通运输条件、材料设备来源地点及价格等。

3.熟悉定额资料

设计概算一般可以利用概算定额进行编制,也可以利用概算指标进行编制,有时还可以利用综合预算定额进行编制等。因此,概算编制人员应该熟悉有关的定额资料。

4.列出扩大分项工程项目、计算工程量

首先将单位工程划分成若干个与定额子目相对应的扩大分项工程项目,然后按照概算工程量计算规则计量。

5.套用定额、计算直接费

将计算后的概算工程量,分别列入工程概算表内,再套用相对应的概算定额(或概算指标),然后再计算定额直接费。

6.计算各项费用,确定工程概算造价

按照各地区制定的费用定额计算各项费用,将计算的各项费用汇总,就得到工程概算造价。

7.概算技术经济指标的计算与分析

根据确定的设计概算造价,分别计算单方造价(元/m²)、单方消耗量(人工、材料和机械台班)等技术经济指标,同时加以分析比较,以供需要。

6.2.2 建筑工程单位设计概算编制方法

1.扩大单价法

扩大单价法的概算编制程序如下:

(1)根据初步设计图纸或扩大初步设计图纸以及概算工程量计算规则,计算工程量。

(2)根据工程量和概算定额基价,计算直接费。

(3)将直接费乘以间接费率和利润率,计算间接费(一些地区的概算规定为综合费用)和利润。

（4）将计算得到的直接费、间接费以及利润相加，可得到土建工程设计概算。

（5）将概算价值除以建筑面积，可得出单方造价指标，即：

$$单位工程概算的单方造价 = 单位工程概算造价 / 单位工程建筑面积 \qquad (6.1)$$

（6）进行概算工料的分析，并计算出人工、材料的总消耗量。此法适于初步设计达到一定深度、建筑结构较为明确时采用。

2. 概算指标法

如果设计深度不够，不能准确计量，且工程采用的技术较为成熟，又有类似概算指标可加以利用时，可采用概算指标编制工程概算。

概算指标是指采用建筑面积、建筑体积或万元等单位，以整幢建筑物为对象所编制的指标。其数据来源于各种已建的建筑物预算或决算资料，也就是用已建建筑物的建筑面积或每万元除以所需的各种人工、材料获得。

由于概算指标是按照整幢建筑物的单位建筑面积表示的价值或单方消耗量，它比概算定额更为扩大、更综合，因此按照概算指标编制设计概算更简化，但精确度较差。

如果以单位建筑面积工料消耗量概算指标为例，其计算公式如下：

$$每 1 \ m^2 建筑面积人工费 = 指标规定的人工工日数 \times 当地日工资标准 \qquad (6.2)$$

$$每 1 \ m^2 建筑面积主要材料费 = \sum (指标规定的主要材料消耗量 \times 当地材料预算单价)$$
$$(6.3)$$

$$每 1 \ m^2 建筑面积直接费 = 人工费 + 主要材料 + 其他材料费 + 机械费 \qquad (6.4)$$

$$每 1 \ m^2 建筑面积概算单价 = 直接费 + 间接费 + 材料价差 + 利润 + 税金 \qquad (6.5)$$

则 $$设计工程概算价值 = 设计工程建筑面积 \times 每 1 \ m^2 概算单价 \qquad (6.6)$$

如果初步设计的工程内容和概算指标规定的内容存在某些差异，可对原概算指标进行修正，之后用修正后的概算指标编制概算。其方法为，从原指标的单位造价中减去应换出的设计中不含的结构构件单价，再加入应换入的设计中包含而原指标中不包含的结构构件单价，就可以得到修正后的单位造价指标。概算指标修正的公式如下：

$$单位建筑面积造价修正概算指标 = 原造价概算指标单价 - 换出结构构件的数量 \times$$
$$单价 + 换入结构构件的数量 \times 单价 \qquad (6.7)$$

3. 设备、人工、材料、机械台班费用的调整

$$设备、工、料机修正概算费用 = 原概算指标的设备、工、料、机费用 +$$
$$\sum 换入设备、工、料、机数量 \times 拟建地区相应单价 -$$
$$\sum 换出设备、工、料、机数量 \times 原概算指标相应单价$$
$$(6.8)$$

4. 类似工程概算法

如果工程设计对象同已建或在建工程项目类似，结构特征上亦基本相同，此时可以采用类似工程预、结算资料来计算设计工程的概算价值。此方法称为类似工程概算法。这是用类似工程的预、结算资料，根据编制概算指标的方法，求出单位工程概算指标，再按照概算指标法编制设计工程概算。在采用此方法时，要考虑设计对象同类似工程的差异，再用修正系数加以修正。当设计对象与类似工程的结构构件有部分不相同时，必须增减这

部分的工程量,之后再求出修正后的总概算造价。

采用此法编制概算的公式如下:

$$工资修正系数(K_1) = \frac{拟建工程地区人工工资标准}{类似工程所在地区人工工资标准} \tag{6.9}$$

$$材料预算价格修正系数(K_2) =$$
$$\frac{\sum(类似工程各主要材料消耗量 \times 拟建工程地区材料预算价格)}{类似工程主要材料费用} \tag{6.10}$$

$$机械使用费修正系数(K_3) =$$
$$\frac{\sum(类似工程各主要机械台班数量 \times 拟建工程地区机械台班单价)}{类似工程主要机械台班使用费} \tag{6.11}$$

$$间接费修正系数(K_3) = \frac{拟建工程地区间接费率}{类似工程地区的间接费率} \tag{6.12}$$

$$综合修正系数(K_4) = 人工工资比重 \times K_1 + 材料比重 \times K_2 + 机械费比重 \times K_3 + 间接费比重 \times K_4 \tag{6.13}$$

$$工程概算总造价 = 拟建工程的建筑面积 \times 类似工程的预算单方造价 \times 综合修正系数(K) \pm$$
$$结构增减值 \times (1 + 修正后的间接费率) \tag{6.14}$$

6.3 单项工程综合概算与总概算的编制

6.3.1 单项工程综合概算的编制

单项工程综合概算是以其所对应的建筑工程概算表和设备安装概算表为基础汇总进行编制的。当建设项目只存在一个单项工程时,单项工程综合概算实际上就是总概算,还应包括工程建设其他费用、建设期贷款利息、预备费等概算。

1. 综合概算编制说明

编制说明是单项工程综合概算书的组成部分,包括以下内容:

(1)工程概况:说明该单项工程的建设地址;建设规模;资金来源等。

(2)编制依据:说明综合概算编制的设计文件、定额、费用计算标准等。

(3)编制范围:说明综合概算所包括以及未包括的工程和费用情况。

(4)投资分析:说明按费用构成或投资性质分析各项工程和费用占总投资的比例。

(5)编制方法:利用预算单价法、扩大单价法、设备价值百分比法等。

(6)主要材料和设备数量。说明主要建筑材料(钢材、木材、水泥)及设备的数量等。

(7)其他需要说明的问题。

2. 综合概算的内容

由于综合概算(书)是反映建设项目中某一单项工程所需全部建设费用的综合性技术经济文件,因此它所包括的内容有:

(1)建筑工程概算费用。

建筑工程概算费用包括:一般土建工程、给排水工程、暖通工程、电气照明、弱电等工程概算费用。

（2）设备及安装工程概算费用。

设备及安装工程概算费用包括：工艺以及土建设备购置费、工、器具购置费和设备安装工程费用。

（3）工程建设其他费用概算。

工程建设其他费用概算包括：土地使用费、与项目建设有关的其他费用以及与未来企业生产经营有关的其他费用，详细内容见工程造价的确定与控制相关教材中有关工程建设其他费用构成章节的介绍。

（4）技术经济指标。

技术经济指标是综合概算表中一项非常重要的内容，它反映出各专业新建工程单位产品的投资额。说明单位的生产和服务能力，以及设计方案的经济合理性及可行性。

3．综合概算的编制

（1）编制依据。

经过校审后的相应单项工程的所有单位工程概算。如果不编制总概算的建设项目，还必须编制工程建设其他费用的概算。

（2）编制步骤。

1）经计算后将有关单位工程概算价值逐项填入综合概算表内；

2）计算工程建设其他费用概算，列入综合概算表内（编总概算时，可不列此项）；

3）将上述费用相加，可求出单项工程综合概算价值；

4）按照规定计算间接费、利润和税金等费用；

5）将单项工程综合概算价值与其他间接费、利润和税金相加，就得到单项工程综合概算造价；

6）计算各项技术经济指标；

7）填写编制说明。

6.3.2　建设项目总概算的编制

建设项目总概算是确定建设项目全部建设费用的总文件，它包含建设项目从筹建到竣工验收交付使用的全部建设费用。其内容包括各单项工程综合概算、建设期贷款利息、工程建设其他费用、预备费、经营性项目的铺底流动资金、编制说明和总概算表的填写等。

1．总概算编制说明

编制说明的编写，主要应说明以下问题：

（1）工程概况。

工程概况应说明该建设项目的生产品种、规模、公用工程以及厂外工程的主要情况。并说明该建设项目总概算所包括的工程项目与费用，以及不包括的工程项目与费用。

（2）编制依据。

在编写时应说明建设项目总概算的编制依据。它们主要包括该建设项目中各单项工程综合概算、工程建设其他费用概算以及基本预备费概算，以及该建设项目的设计任务书、初步设计图纸、概算定额或概算指标、费用定额(包含各种计费费率)、材料设备价格信息等有关文件和资料。

(3)编制方法。

说明该建设项目总概算采用何种方法进行编制。并在编制说明中表述清楚。

(4)投资分析与费用构成。

主要针对各项投资的比例进行分析,并与同类建设工程进行比较,分析其投资情况,从而说明建设项目的设计是否经济合理。

(5)主要材料与设备的需用数量。

在编制说明中还应说明建筑安装工程主要材料(钢材、木材、水泥),以及主要机械设备和电气设备的需用数量。

(6)其他有关问题的说明。

其他有关问题的说明,主要是指有关编制文件与资料,以及其他需要说明的问题等。

2.总概算表的内容

总概算表的内容,主要由"工程费用项目"和"工程建设其他费用项目"两大部分组成。将这两大部分合计以后,再列出"预备费用项目",最后列出"回收资金"项目,计算汇总后就可以得出该建设项目总概算造价。现以工业建设项目为例,分述如下:

(1)工程费用项目。

1)主要生产项目和辅助生产项目。

①主要生产工程项目,根据建设项目的性质和设计要求进行确定;

②辅助生产工程项目,如机修车间、电修车间、木工车间等。

2)公用设施工程项目。

①给排水工程,如厂房、水塔、水池、及室外管道等;

②供气和采暖工程,如全厂锅炉房、供热站及室外管道等;

③供电及电信工程,如全厂变电及配电所、广播站、输电及通信线路等;

④总图运输工程,如全厂码头、围墙、大门、铁路、公路、通路及运输车辆等;

⑤厂外工程,如厂外输水管道、厂外供电线路等。

3)文化、教育工程,如子弟学校和图书馆等。

4)生活、福利及服务性工程,如住宅、宿舍、厂部办公室、医务室和浴池等。

(2)其他工程费用项目。

1)工程建设其他费用。

2)预备费。

3)回收资金。

6.3.3　建设项目总概算编制实例

1.建设项目概况

(1)建设项目名称。

某市某工业园区某总厂。

(2)相关的各项数据。

该总厂各单项工程概算造价等相关数据统计如下：

1)主要生产厂房项目：7 400 万元,其中建筑工程概算 2 750 万元,设备购置费概算 3 950 万元,安装工程费 700 万元。

2)辅助生产项目：4 900 万元,其中建筑工程费 1 950 万元,设备购置费 2 550 万元;安装工程费 400 万元。

3)公用工程：2 200 万元,其中建筑工程费 1 300 万元,设备购置费 680 万元,安装工程费 220 万元。

4)环境保护工程项目：660 万元,其中建筑工程费 350 万元,设备购置费 200 万元,安装工程费 110 万元。

5)厂区道路工程项目：330 万元,其中建筑工程费 220 万元,设备购置费 110 万元。

6)服务性工程项目：建筑工程费 155 万元。

7)生活福利工程项目：建筑工程费 225 万元。

8)厂外工程项目：建筑工程费 110 万元。

9)工程建设其他费用：400 万元。

(3)各项计费费率规定。

1)基本预备费费率为 10%。

2)建设期内每年涨价预备费费率为 6%。

3)贷款年利率为 6%(每半年计利息一次)。

(4)工期及建设资金筹集。

该建设项目建设工期为 2 年,每年建设投资相等。建设资金筹集为：第一年贷款 5 000万元,第二年贷款 4 800 万元,其余为自筹资金。

2. 建设项目总概算编制要求

(1)试计算与编制该建设项目总概算(即计算该建设项目固定资产投资概算)。

(2)按照规定应计取的基本预备费、涨价预备费、建设期贷款利息,在计算后将其费用名称和计算结果填入总概算表内。

(3)完成该建设项目总概算表的填写与编制。

3. 建设项目相关费用计算

(1)预备费：

基本预备费 =(7 060+7 490+1 430+400)万元×基本预备费费率=16 380 万元×10% = 1 638 万元

涨价预备费 =[(16 380 万元+1 638 万元)/2][$(1+6\%)^1-1$]+[(16 380 万元+1 638 万元)/2]

$$[(1+6\%)^2-1] =540.54 \text{万元}+1\ 113.51 \text{万元}=1\ 654 \text{万元}$$

建设预备费概算 = 建设基本预备费概算+建设期涨价预备费概算 = 1 638 万元+1 654 万元=3 292 万元

(2)建设期贷款利息：

年实际贷款利率=[1+(6%/2)]²−1=6.09%

则：第一年贷款利息=1/2×5 000 万元×6.09%=152.25 万元

第二年贷款利息概算=(P_1+1/2A_2)×6.09%=(5 000 万元+152 万元+1/2×4 800 万元)×6.09%=460 万元

式中　P_1——第一年建设期贷款累计金额与利息累计金额之和（即 5 000 万元+152 万元−5152 万元）

　　　A_2——第二年贷款金额 4 800 万元

故：建设期贷款利息概算=152.25 万元+459.91 万元=612.16 万元

4. 建设项目总概算表填写

根据上述该建设项目概况、相关的各项数据和总概算的编制要求，进行总概算的填写与编制。其总概算表填写见表 6.18。

表 6.18　建设项目固定资产投资总概算表（单位：万元）

序号	工程费用名称	概算价值					占固定资产投资比例/%
		建筑工程费用	设备购置费用	安装工程费用	其他费用	合计	
1	工程费用	7 060	7 490	1 430		15 980	78.78
1.1	主要生产项目	2 750	3 950	700		7 400	
1.2	辅助生产项目	1 950	2 550	400		4 900	
1.3	公用工程项目	1 300	680	220		2 200	
1.4	环境保护工程项目	350	200	110		660	
1.5	总图运输工程项目	220	110			330	
1.6	服务性工程项目	155				160	
1.7	生活福利工程项目	225				220	
1.8	厂外工程项目	110				110	
2	工程建设其他费用				400	400	1.97
	小计(1+2)	7 060	7 490	1 430	400	1 638	
3	预备费				3 292	3 292	16.23
3.1	基本预备费				1 638	1 638	
3.2	涨价预备费					1 654	
4	建设期贷款利息				612	612	3.02
5	合计	7 060	7 490	1 430	4 304	20 284	

注：因为投资方向调节税目前国家已取消，所以今后的概算可不计取此项费用。

6.4　建筑工程设计概算的审查

6.4.1　设计概算审查内容

1. 审查设计概算的编制依据

审查设计概算的编制依据主要包括国家综合部门的文件,国务院主管部门和各省、市、自治区根据国家规定或授权制定的各种规定及办法,以及建设项目的设计文件等重点审查。

(1)审查编制依据的合法性。采用的编制依据必须经过国家或授权机关的批准,并且符合国家的编制规定,未经批准的不得采用。不得强调情况特殊,擅自提高概算定额、指标或费用标准。

(2)审查编制依据的时效性。各种依据(如定额、指标、价格、取费标准等)均应根据国家有关部门的现行规定进行,并应注意有无调整和新的规定。

(3)审查编制依据的适用范围。各地区规定的各种定额及其取费标准,只适用于该地区的范围以内;各编制依据都有规定的适用范围,如各主管部门规定的各种专业定额及其取费标准,只适用于该部门的专业工程。尤其是地区的材料预算价格区域性更强。

2. 审查概算编制深度

(1)审查编制说明。审查编制说明可检查概算的编制方法、深度和编制依据等重大原则问题。

(2)审查概算编制深度。一般大中型项目的设计概算应当具有完整的编制说明和"三级概算"——总概算表、单项工程综合概算表、单位工程概算表,并根据有关规定的深度进行编制。审查是否有符合规定的"三级概算",各级概算的编制、校对、审核是否按规定签署。

(3)审查概算的编制范围。审查概算的编制范围主要包括:审查分期建设项目的建筑范围及具体工程内容有无重复交叉,是否重复计算或漏算;审查概算编制范围及具体内容是否与主管部门批准的建设项目范围及具体工程内容一致;审查其他费用所列的项目是否都符合规定,静态投资、动态投资和经营性项目铺底流动资金是否分部列出等。

3. 审查建设规模、标准

审查概算的投资规模、生产能力、建设用地、设计标准、主要设备、建筑面积、配套工程、设计定员等是否符合原批准可行性研究报告或立项批文的标准。如果概算总投资超过原批准投资估算的10%以上,应进一步审查超估算的原因。

4. 审查设备规格、数量和配置

工业建设项目设备投资比重大,一般占总投资的30%～50%,应当认真审查。审查所选用的设备规格、台数是否与生产规模一致,材质、自动化程度有无提高标准,引进设备是否配套、合理,备用设备台数是否适当,消防、环保设备是否计算等。还要审查价格是否合理、是否符合有关规定。

5.审查工程费

建筑安装工程投资是随工程量增加而增加的,因此应根据初步设计图纸、专业设备材料表、概算定额及工程量计算规则、建构筑物和总图运输一览表进行审查,有无漏算、重算、多算。

6.审查计价指标

审查建筑工程采用工程所在地区的计价定额、费用定额、价格指数和有关人工、材料、机械台班单价是否符合现行规定;审查安装工程所采用的专业部门或地区定额是否符合工程所在地区的市场价格水平,概算指标调整系数、主材价格、人工、机械台班和辅材调整系数是否按当地最新规定执行;审查引进设备安装费率或计取标准、部分行业专业设备安装费率是否按有关规定计算等。

7.审查其他费用

工程建设其他费用投资约占项目总投资额的 25% 以上,必须认真逐项审查。审查费用项目是否按国家统一规定计列,具体费率或计取标准、部分行业专业设备安装费率是否按有关规定计算等。

6.4.2　设计概算审查方法

设计概算审查主要有以下方法:

1.全面审查法

全面审查法是指按照全部施工图的要求,并结合有关预算定额分项工程中的工程细目,逐一、全部地进行审核的方法。全面审查法的计算方法和审核过程与编制预算的计算方法和编制过程是基本相同的。

全面审查法的优点是全面、细致,所审核过的工程预算质量高,差错相对较少;缺点是工作量太大。全面审查法一般适用于一些工艺比较简单、工程量较小、编制工程预算力量较薄弱的设计单位所承包的工程。

2.重点审查法

抓住工程预算中的重点进行审查的方法,称重点审查法。通常情况下,重点审查法的内容如下:

(1)选择工程量大或造价较高的项目进行重点审查。

(2)对补充单价进行重点审查。

(3)对计取的各项费用的费用标准和计算方法进行重点审查。

重点审查工程预算的方法应当灵活掌握。如果在重点审查中发现问题较多,则应扩大审查范围;反之,如果没有发现问题,或者发现的差错很小,则应考虑适当缩小审查范围。

3.经验审查法

经验审查法是指监理工程师根据以前的实践经验,审查容易发生差错的那些部分工程细目的方法。例如土方工程中的平整场地和余土外运,土壤分类等;基础工程中的基础垫层,砌砖、砌石基础,钢筋混凝土组合柱,基础圈梁、室内暖沟盖板等,都是较容易出错的地方,应重点加以审查。

4. 分解对比审查法

分解对比审查法是指将一个单位工程,按直接费与间接费进行分解,然后将直接费按工种工程和分部工程进行分解,分别与审定的标准图预算进行对比分析的方法。这种方法是把拟审的预算造价与同类型的定型标准施工图或复用施工图的工程预算造价相比较,如果出入不大,则可以认为本工程预算问题不大,可不再审查。如果出入较大,例如超过或少于已审定的标准设计施工图预算造价的 1% 或 3% 以上(根据本地区要求),再按分部分项工程进行分解,边分解边对比,哪里出入较大,就进一步审查那一部分工程项目的预算价格。

6.4.3　设计概算审查步骤

设计概算审查是一项复杂而细致的技术经济工作,审查人员既应懂得有关专业技术知识,并具备熟练编制概算的能力,一般情况下可按如下步骤进行。

1. 概算审查的准备

概算审查的准备工作包括:

(1)了解设计概算的内容组成、编制依据和方法。

(2)了解建设规模、设计能力和工艺流程。

(3)熟悉设计图纸和说明书、掌握概算费用的构成和有关技术经济指标。

(4)明确概算各种表格的内涵。

(5)收集概算定额、概算指标、取费标准等有关规定的文件资料等。

2. 进行概算审查

根据审查的主要内容,分别对设计概算的编制依据、单位工程设计概算、综合概算、总概算进行逐级审查。

3. 进行技术经济对比分析

利用规定的概算定额或指标以及有关技术经济指标与设计概算进行分析对比,根据设计和概算列明的工程性质、结构类型、费用构成、建设条件、投资比例、占地面积、设备数量、生产规模、造价指标、劳动定员等与国内外同类型工程规模进行对比分析,从大的方面找出和同类型工程的距离,为审查提供线索。

4. 研究、定案、调整概算

对概算审查中出现的问题要在对比分析、找出差距的基础上深入现场进行实际调查研究。了解设计是否经济合理、概算编制依据是否符合现行规定和施工现场实际、是否有扩大规模、多估投资或预留缺口等情况,并及时核实概算投资。对于当地没有同类型的项目而不能进行对比分析时,可以向国内同类型企业进行调查,资料收集,作为审查的参考。经过会审决定的定案问题,应当及时调整概算,并经原批准单位下发文件。

7 建筑工程施工图预算编制与审查

7.1 建筑工程施工图预算的编制

7.1.1 施工图预算的作用

施工图预算是建设工程建设程序中一个重要的技术经济文件,在工程建设实施过程中具有非常重要的作用,见表7.1。

表7.1 施工图预算的作用

序号	方面	作用
1	对投资方的作用	①施工图预算是控制造价和资金合理使用的依据。它确定的预算造价是工程的计划成本,投资方按施工图预算造价筹集建设资金,并且控制资金的合理使用 ②施工图预算是确定工程招标控制价的依据。在设置招标控制价的情况下,建筑安装工程的招标控制价可以按照施工图预算来确定。招标控制价通常是在施工图预算的基础上考虑工程的特殊施工措施、工程质量要求、目标工期、招标工程范围以及自然条件等因素进行编制的 ③施工图预算是拨付工程款以及办理工程结算的依据
2	对施工企业的作用	①施工图预算是建筑施工企业投标时报价的参考依据。在激烈的建筑市场竞争中,建筑施工企业需要根据施工图预算造价,结合企业的投标策略,确定投标报价 ②施工图预算是建筑工程预算包干的依据和签订施工合同的主要内容。在采用总价合同的情况下,施工单位通过与建设单位的协商,可在施工图预算的基础上,考虑设计或施工变更后可能发生的费用以及其他风险因素,增加一定的系数作为工程造价一次性包干。同样,施工单位与建设单位签订施工合同时,其中工程价款的相关条款也必须以施工图预算为依据 ③施工图预算是施工企业安排调配施工力量,组织材料供应的依据。施工单位各职能部门可根据施工图预算编制劳动力和材料供应计划,并且由此做好施工前的准备工作 ④施工图预算是施工企业控制工程成本的依据。根据施工图预算确定的中标价格是施工企业收取工程款的依据,企业只有合理地利用各项资源,采取先进的技术和管理方法,将成本控制在施工图预算价格以内,企业才能获得良好的经济效益 ⑤施工图预算是进行"两算"对比的依据。施工企业可以通过施工图预算和施工预算的对比分析,找出差距,进而采取必要的措施

续表7.1

序号	方面	作用
3	对工程咨询单位的作用	对工程咨询单位来说,可以客观、准确地为委托方做出施工图预算,以强化投资方对工程造价的控制,有助于节省投资,提高建设项目的投资效益
4	对工程造价管理部门的作用	对工程造价管理部门来说,施工图预算是其监督检查执行定额标准、合理地确定工程造价、测算造价指数以及审定工程招标控制价的重要依据

7.1.2　施工图预算编制依据

施工图预算编制依据见表7.2。

表7.2　施工图预算编制依据

序号	编制依据	具体内容
1	施工图设计文件及说明书和标准图集	设计资料是编制预算的主要工作对象,经审定的施工图设计文件、说明书和标准图集完整地反映了工程的具体内容,各分部的结构尺寸、具体做法、技术特征以及施工方法等,是编制施工图预算的重要依据
2	施工组织设计或施工方案	因为施工组织设计或施工方案中包括了与编制施工图预算必不可少的有关资料,如建设地点的土质、地质情况,土石方开挖的施工方法及余土外运方式或运距,施工机械使用情况,构件预制加工方法及运距,重要的梁板柱的施工方案,重要或特殊机械设备的安装方法等
3	现行的建筑工程预算定额	现行的建筑工程预算定额是确定单位估价表的基础。它规定了各分部分项工程的划分、具体所包含的工作内容、工程量的计算规则和定额项目的使用说明等内容,因此它是编制施工图预算的主要依据
4	预算员工作手册及有关工具书	预算员工作手册和工具书包括了计算各种结构构件面积和体积的公式,钢材、木材等各种材料规格型号及用量数据,各种单位换算比例,特殊断面、结构件的工程量的速算方法,金属材料质量表等。显然,以上这些公式、资料、数据是施工图预算中常常要用到的,所以它是编制施工图预算必不可少的依据
5	其他有关文件	①地区单位估价表建设地区主管部门颁发的现行建筑工程单位估价表或补充估价表是编制施工图预算的根本依据之一 ②地区建设工程费用定额工程费用随地区不同其取费标准也有所不同,按照国家规定,各地区均制定了相应的建设工程费用定额,它规定了各项费用取费标准,这些标准是确定工程预算造价的基础 ③人工、材料、机械台班预算价格及调价规定　人工、材料、机械台班预算价格是预算定额的三要素,是构成直接工程费的主要因素。尤其是材料费在工程成本中占的比重大,而且在市场经济条件下,人工、材料、机械台班的价格是随市场的变化而变化的。为使预算造价尽可能接近实际价格,各地区主管部门对此都有明确的调价规定。因此合理地确定人工、材料、机械台班预算价格及其调价规定是编制合理施工图预算的重要依据

7.1.3 施工图预算的编制方法

1. 工料单价法

工料单价法是指分部分项工程的单价为直接工程费单价,以分部分项工程量乘以对应分部分项工程单价后的合计为单位直接工程费,直接工程费汇总后另加措施费、间接费、利润、税金生成施工图预算造价。按照分部分项工程单价产生的方法不同,工料单价法一般可以分为预算单价法与实物法。

(1)预算单价法。

预算单价法是采用地区统一单位估价表中的各分项工程工料预算单价(基价)乘以相应的各分项工程的工程量,求和后得到包括材料费、人工费和施工机械使用费在内的单位工程直接工程费,间接费、措施费、利润和税金可根据统一规定的费率乘以相应的计费基数得到,将上述费用汇总后得到该单位工程的施工图预算造价。

预算单价法编制施工图预算的基本步骤为:

1)编制前的准备工作。编制施工图预算的过程是具体确定建筑安装工程预算造价的过程。因此,编制施工图预算,不仅要严格遵守国家计价法规、政策,严格按图纸计量,而且还要考虑施工现场的条件因素,是一项复杂而细致的工作,也是一项政策性与技术性都很强的工作,因此必须事前做好充分准备,即组织准备和资料的收集以及现场情况的调查。

2)熟悉图纸和预算定额以及单位估价表。图纸是编制施工图预算的基本依据。熟悉图纸不但要弄清图纸的内容,而且要对图纸进行审核,其中包括:

①图纸间相关尺寸是否有误,设备与材料表上的规格、数量是否与图示相符。

②详图、说明、尺寸和其他符号是否正确等。若发现错误应及时纠正。

另外,还应熟悉标准图以及设计变更通知(或类似文件),这些都是图纸的构成部分,不可遗漏。通过对图纸的熟悉,要了解工程的性质、系统的构成,设备和材料的规格型号和品种,以及有无新材料、新工艺的采用。

预算定额和单位估价表是编制施工图预算的计价标准,对其适用范围、工程量计算规则以及定额系数等都应充分了解,做到心中有数,这样才能使预算编制准确、迅速。

3)了解施工组织设计与施工现场情况。在编制施工图预算前,应当了解施工组织设计中影响工程造价的相关内容。例如各分部分项工程的施工方法,土方工程中余土外运使用的工具及运距,施工平面图对建筑材料、构件等堆放点到施工操作地点的距离等,以便能够正确计算工程量和正确套用或确定某些分项工程的基价。这对于正确计算工程造价,提高施工图预算质量,具有非常重要的意义。

4)划分工程项目和计算工程量。

①划分工程项目。划分的工程项目必须与定额规定的项目相同,这样才能正确地套用定额。不能重复列项计算,也不能漏项少算。

②计算并整理工程量。必须按定额规定的工程量计算规则进行计算。当按照工程项目将工程量全部计算完以后,要对工程项目和工程量进行整理,即合并同类项和按序排列,为套用定额、计算直接工程费和进行工料分析打下良好基础。

5)套单价(计算定额基价)。将定额子项中的基价填入预算表单价栏内,并将单价乘以工程量得出合价,将结果填入合价栏。

6)工料分析。按分项工程项目,根据定额或单位估价表,计算人工及各种材料的实物的耗量,并将主要材料汇总成表。工料分析方法为:首先从定额项目表中分别将各分项工程消耗的每项材料和人工的定额消耗量查出;再分别乘以该工程项目的工程量,得到分项工程工料消耗量;最后将各分项工程工料消耗量汇总,得出单位工程人工、材料的消耗数量。

7)计算主材费(未计价材料费)。因为许多定额项目基价为不完全价格,即未包括主材费用在内,因此计算所在地定额基价费(基价合计)之后,还应计算出主材费,以便计算工程造价。

8)按费用定额取费。按相关规定计取措施费,以及按当地费用定额的取费规定计取间接费、利润、税金等。

计算汇总工程造价。将直接费、间接费、利润和税金相加即为工程预算造价。

预算单价法施工图预算编制程序如图7.1所示。图中的双线箭头表示施工图预算编制的主要程序。施工图预算编制依据的代号有:a,t,k,l,m,n,p,q,r。施工图预算编制内容的代号有:b,c,d,e,f,g,h,i,s,j。

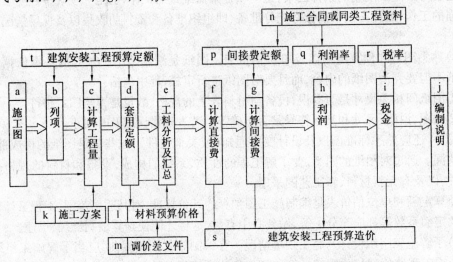

图7.1　预算单价法施工图预算编制程序示意图

(2)实物法。

用实物法编制单位工程施工图预算,是依据施工图计算的各分项工程量分别乘以地区定额中人工、材料、施工机械台班的定额消耗量,分类汇总得到该单位工程所需要的全部人工、材料、施工机械台班消耗数量,然后再乘以当时当地人工工日单价、各种材料单价、施工机械台班单价,计算出相应的人工费、材料费、机械使用费,再加上措施费,便可以求出该工程的直接费。间接费、利润及税金等费用计取方法与单价法相同。

单位工程直接工程费的计算可以按照以下公式:

$$人工费=综合工日消耗量×综合工日单价 \tag{7.1}$$

$$材料费 = \Sigma(各种材料消耗量 \times 相应材料单价) \tag{7.2}$$
$$机械费 = \Sigma(各种机械消耗量 \times 相应机械台班单价) \tag{7.3}$$
$$单位工程直接工程费 = 人工费 + 材料费 + 机械费 \tag{7.4}$$

实物法的优点是：能比较及时地将反映各种材料、人工、机械的当时当地市场单价计入预算价格，不需要调价，反映当时当地的工程价格水平。

实物法编制施工图预算的基本步骤如下：

1）编制前的准备工作。具体工作内容与预算单价法相应步骤的内容相同。但此时要全面收集各种人工、材料、机械台班的当时当地的市场价格，包括不同品种、规格的材料预算单价；不同工种、等级的人工工日单价；不同种类、型号的施工机械台班单价等。要求获得的各种价格内容全面、真实、可靠。

2）熟悉图纸及预算定额。该步骤与预算单价法相应步骤内容相同。

3）了解施工组织设计和施工现场情况。该步骤与预算单价法相应步骤内容相同。

4）划分工程项目和计算工程量。该步骤与预算单价法相应步骤内容相同。

5）套用定额消耗量，计算人工、材料、机械台班消耗量。依据地区定额中人工、材料、施工机械台班的定额消耗量，乘以各分项工程的工程量，分别计算出各分项工程所需的各类人工工日数量、各类材料消耗数量和各类施工机械台班数量。

6）计算并汇总单位工程的人工费、材料费和施工机械台班费。在计算出各分部分项程的各类人工工日数量、材料消耗数量和施工机械台班数量后。按类别相加汇总求出该单位工程所需的各种人工、材料、施工机械台班的消耗数量，分别乘以当时当地相应人工、材料、施工机械台班的实际市场单价，即可求出单位工程的人工费、材料费、机械使用费，汇总计算出单位工程直接工程费。计算公式为：

$$单位工程直接工程费 = \Sigma(工程量 \times 定额人工消耗量 \times 市场工日单价) +$$
$$\Sigma(工程量 \times 定额材料消耗量 \times 市场材料单价) +$$
$$\Sigma(工程量 \times 定额机械台班消耗量 \times 市场机械台班单价) \tag{7.5}$$

7）计算其他费用，汇总工程造价。对于措施费、间接费、利润和税金等费用的计算，可采用与预算单价法相似的计算程序，只是有关费率是依据当时当地建设市场的供求情况确定。将上述直接费、间接费、利润和税金等汇总即为单位工程预算造价。

2. 综合单价法

综合单价法是指分项工程单价综合了直接工程费及以外的多项费用，按照单价综合的内容不同，综合单价法可分为全费用综合单价和清单综合单价。

（1）全费用综合单价。

全费用综合单价是指单价中综合了分项工程人工费、材料费、机械费，管理费、利润、规费和有关文件规定的调价、税金以及一定范围的风险等全部费用。以各分项工程量乘以全费用单价的合价汇总后，再加上措施项目的完全价格，生成了单位工程施工图造价。公式如下：

$$建筑安装工程预算造价 = \Sigma(分项工程量 \times 分项工程全费用单价) + 措施项目完全价格 \tag{7.6}$$

（2）清单综合单价。

分部分项工程清单综合单价中综合了人工费、材料费、施工机械使用费、企业管理费、利润，并考虑了一定范围的风险费用，但并不包括措规费、施费和税金，所以它是一种不完全单价。以各分部分项工程量乘以该综合单价的合价汇总后，再加上措施项目费、规费和税金后，就是单位工程的造价。公式如下：

$$建筑安装工程预算造价 = \sum（分项工程量×分项工程不完全单价）+$$
$$措施项目不完全价格+规费+税金 \qquad (7.7)$$

7.1.4　土建工程施工图预算编制实例

1. 封面（见表7.3）

表7.3　施工图预算书封面

建筑安装工程	
（建筑）工程（预）算书	
建设单位:××公司	
施工单位:××建筑公司	
工程名称:××混合结构办公楼工程	
建筑面积:154.93 m²	工程结构:混合结构
檐　　高:6.45 m	
	工程地处:某市开发区
工程总造价:90 370.33 元	单方造价:583.30 元/ m²
建设单位:	施工单位:
（公章）	（公章）
负 责 人:×××	审 核 人:×××
证　　号:××××××	
经 手 人:×××	编 制 人:×××
	证　　号:××××××
开户银行:××××××	开户银行:××××××
××××年××月××日	××××年××月××日

2. 图纸说明

本工程为某混合结构办公楼工程,该工程为二层结构,工程建筑面积 154.93 m²,檐高 6.45 m,砖带形基础。

该工程施工预算图如图 7.2～7.7 所示。

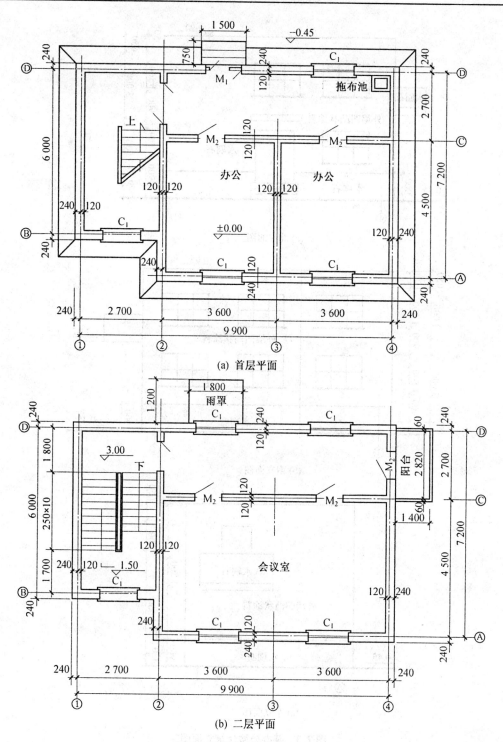

(a) 首层平面

(b) 二层平面

图 7.2　某办公楼建筑平面图

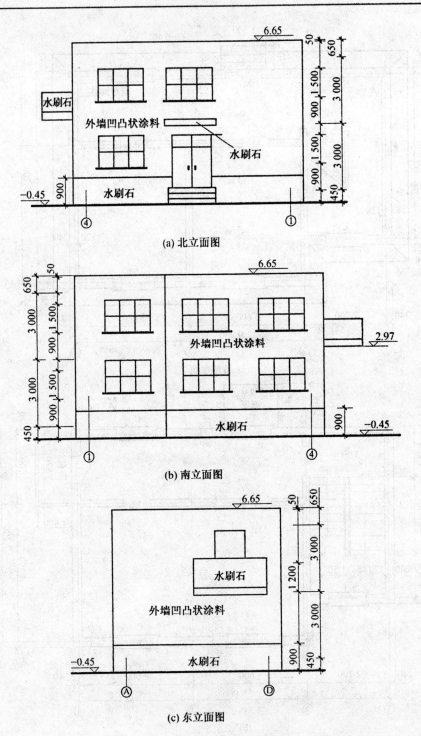

(a) 北立面图

(b) 南立面图

(c) 东立面图

图 7.3 某办公楼建筑立面图

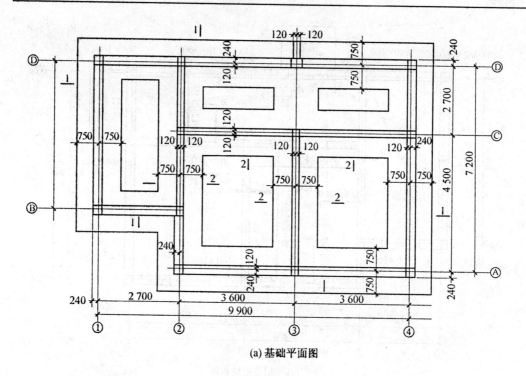

(a) 基础平面图

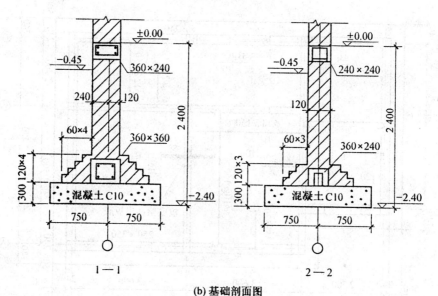

(b) 基础剖面图

图 7.4 某办公楼基础平面图与剖面图

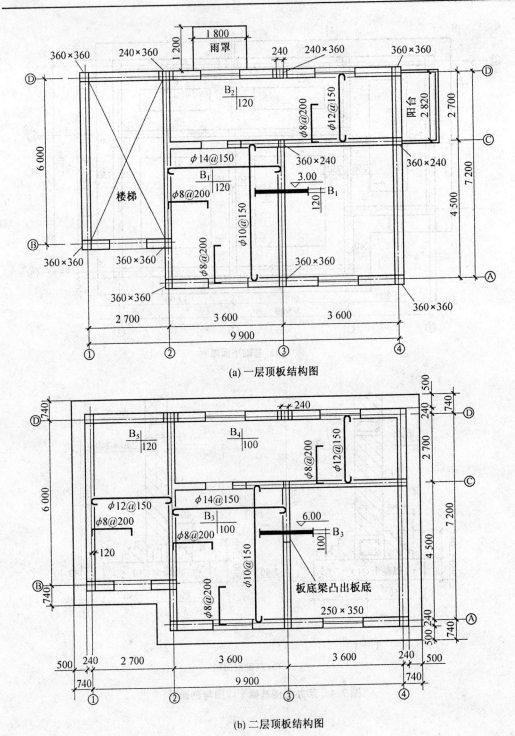

(a) 一层顶板结构图

(b) 二层顶板结构图

图 7.5　某办公楼结构平面图

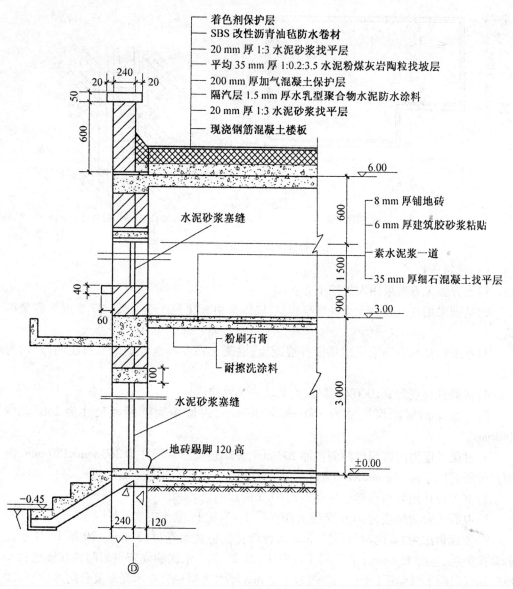

着色剂保护层
SBS 改性沥青油毡防水卷材
20 mm 厚 1:3 水泥砂浆找平层
平均 35 mm 厚 1:0.2:3.5 水泥粉煤灰岩陶粒找坡层
200 mm 厚加气混凝土保护层
隔汽层 1.5 mm 厚水乳型聚合物水泥防水涂料
20 mm 厚 1:3 水泥砂浆找平层
现浇钢筋混凝土楼板

水泥砂浆塞缝

8 mm 厚铺地砖
6 mm 厚建筑胶砂浆粘贴
素水泥浆一道
35 mm 厚细石混凝土找平层

粉刷石膏
耐擦洗涂料

水泥砂浆塞缝

地砖踢脚 120 高

图7.6 某办公楼外墙大样图

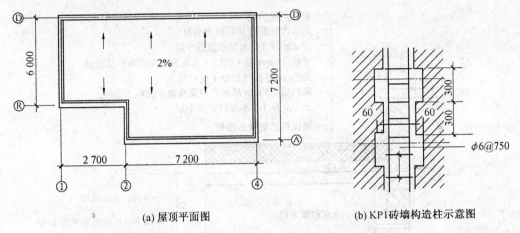

(a) 屋顶平面图   (b) KP1砖墙构造柱示意图

图 7.7　某办公楼屋顶平面图与构造柱示意图

（1）建筑工程。

1）土方施工方案采用人工挖土方。

2）基础采用红机砖，M5 水泥砂浆砌筑；墙体采用 KP1 黏土空心砖，M7.5 混合砂浆砌筑。

3）本工程混凝土均采用现场搅拌混凝土，混凝土强度等级除图纸另有注明外，均为 C25。

4）构造柱起点为±0.000 标高处，女儿墙内不设构造柱。

5）外墙中圈梁断面尺寸为 360 mm×240 mm，内墙中圈梁断面尺寸为 240 mm× 240 mm。

6）过梁长度为门窗洞口两侧各加 200 mm，外墙过梁断面尺寸为 360 mm×180 mm，内墙过梁断面尺寸为 240 mm×180 mm。

7）室外设计地坪与自然地坪高差在±0.3 m 以内。

8）混凝土台阶做法为：020 混凝土、100 厚 3∶7 灰土、素土夯实。

9）屋面做法为：着色剂保护层；SBS 改性沥青油毡防水卷材（3 mm）；20 厚 1∶3 水泥砂浆找平层，卷起 150 mm；平均 35 mm 厚 1∶0.2∶3.5 水泥粉煤灰页岩陶粒找坡层；200 厚的加气混凝土保温层（干铺）；隔气层 1.5 mm 厚水乳型聚合物水泥基复合防水涂料；20 厚 1∶3 水泥砂浆找平层；现浇混凝土板。

（2）装饰工程。

1）散水为混凝土散水。

2）混凝土台阶装修做法为：8 mm 厚铺地砖、6 厚建筑胶水泥砂浆结合层、20 厚 1∶3 水泥砂浆找平、素水泥浆结合层一道、C20 混凝土台阶。

3）首层地面做法为：8 mm 厚铺地砖、6 厚建筑胶水泥砂浆结合层、20 厚 1∶3 水泥砂浆找平、素水泥浆结合层一道、50 厚 C10 混凝土垫层、100 厚 3∶7 灰土、素土夯实。

二层楼面做法为：8 mm 厚铺地砖、6 厚建筑胶砂浆粘贴、素水泥浆一道、35 厚细石混凝土找平层（现场搅拌）。

地面砖每块规格为：400 mm×400 mm×8 mm，踢脚材质为地砖。

4）外墙面、墙裙均抹底灰，外墙为凹凸型涂料，外墙裙为水刷石，墙裙高度为900 mm。

5）室内墙面为抹灰耐擦洗涂料；顶棚构造层次为：粉刷石膏、耐擦洗涂料。

6）C1为单玻平开塑钢窗，外窗口侧壁宽为200 mm，内窗口侧壁宽为80 mm，M1为松木带亮自由门、M2为胶合板门，门框位置居中，框宽100 mm。预制水磨石窗台板长为1 620 mm，宽为210 mm。松木窗帘盒（单轨）长度为2 000 mm。木材面油漆为底油一遍，调和漆二遍。

7）门窗表见表7.4。

表7.4　门窗表

型号	洞口尺寸（宽×高）	框外围尺寸（宽×高）	数量
C1	1 500×1 500	1 470×1 470	9
M1	1 200×2 400	1 180×2 390	3
M2	900×2 100	880×2 090	5

8）楼梯踏步装修采用地砖，楼梯底部装修采用粉刷石膏、耐擦洗涂料。楼梯栏杆采用烤漆钢管栏杆、松木扶手，不带托板，底油一遍，调和漆两遍。

9）阳台栏板外装修采用水刷石；地面装修采用地砖。

10）雨罩、阳台下表面装修采用耐水腻子、合成树脂乳液。

11）瓷砖面拖布池。

3. 编制依据及说明

（1）编制依据

1）2001年《北京市建设工程预算定额》（建筑工程分册）。

2）2001年《北京市建设工程费用定额》。

3）北京市建设工程造价管理部门的有关规定。

（2）编制说明

1）本工程预算模板工程及钢筋工程部分均按照定额参考用量进行编制，在招投标及结算时应按照要求进行实际用量计算。

2）本工程预算价格及各种费率完全按照定额价套用，在应用过程中应按照定额量、市场价、竞争费的原则按实调整。

4. 建筑工程费用表（见表7.5）

表7.5　建筑工程费用表

项目名称：某单位办公楼（建筑工程）

序号	费用名称	取费说明	费率/%	费用金额/元
[1]	定额直接费	套定额		71 951.90
[2]	其中：人工费	人工费合计	17 276.62	
[3]	措施费	分别计算求和		5 324.44
[4]	直接费	[1]+[3]		77 276.34

续表7.5

项目名称:某单位办公楼(建筑工程)

序号	费用名称	取费说明	费率/%	费用金额/元
[5]	间接费	[4]×费率	5.7	4 404.75
[6]	利润	[4]+[5]×费率	7.0	5 717.68
[7]	税金	[4]+[5]+[6]×费率	3.4	2 971.56
[8]	工程造价	[4]+[5]+[6]+[7]		90 370.33

5. 建筑工程预算表(见表7.6)

6. 建筑工程人材机汇总表(见表7.7)

表7.7　建筑工程人材机汇总表

项目文件:某单位办公楼(建筑工程)

序号	名称及规格	单位	数量	市场价/元	合计/元
一	人工类别				
1	综合工日	工日	180.06	23.46	4 224.21
2	综合工日	工日	121.9	28.24	3 442.46
3	综合工日	工日	91.13	27.45	2 501.52
4	综合工日	工日	174.06	32.45	5 648.25
5	综合工日	工日	17.46	31.12	543.36
6	综合工日	工日	13.17	29.26	385.35
7	综合工日	工日	17.25	30.81	531.47
	小计				17 276.62
二	配合比类别				
1	1:2水泥砂浆	m³	0.28	251.02	70.29
2	1:3水泥砂浆	m³	0.02	204.11	4.08
3	3:7灰土	m³	0.202	21.92	4.43
4	M5水泥砂浆	m³	7.62	135.21	1 030.30
5	M7.5混合砂浆	m³	13.81	159.33	2 200.35
6	C10普通混凝土	m³	21.65	148.81	3 221.74
7	020普通混凝土	m³	0.66	183.00	120.78
8	025普通混凝土	m³	45.11	197.91	8 927.72
9	020豆石混凝土	m³	0.006	185.38	1.11
三	材料类别				
1	钢筋 φ10以内	kg	1 293.93	2.43	3 144.25

续表7.7

项目文件:某单位办公楼(建筑工程)

序号	名称及规格	单位	数量	市场价/元	合计/元
2	钢筋 φ10 以外	kg	2 265.25	2.50	5 663.13
3	水泥综合	kg	29 038.51	0.366	10 628.09
4	加气混凝土块	m³	14.56	155.00	2 256.80
5	红机砖	块	17 362.57	0.177	3 073.17
6	KP1-P 砖 240×115×90	块	22 272.43	0.28	6 236.28
7	KP1-P 砖 178×115×90	块	2 611.32	0.28	731.17
8	页岩陶粒	kg	3.43	100.00	343.00
9	石灰	kg	929.49	0.097	90.16
10	粉煤灰	kg	122.57	0.089	10.91
11	砂子	kg	121 708.78	0.036	4 381.52
12	石子综合	kg	45 966.97	0.032	1 470.94
13	豆石	kg	7.27	0.034	0.25
14	膨胀螺栓 φ6	套	14.07	0.42	5.91
15	铁件	kg	1.93	3.10	5.98
16	SBS 改性沥青油毡 防水卷材 2 mm 厚	m²	0.484	15.00	7.26
17	SBS 改性沥青油 毡防水卷材 3 mm 厚	m²	99.68	17.00	1 694.56
18	水乳型聚合物水泥基	kg	245.35	3.00	736.05
19	复合防水涂料	kg	22.86	8.50	217.17
20	聚氨酯防水涂料	kg	14.25	19.00	270.75
21	1:3 聚氨酯	支	25.229	17.00	429.93
22	嵌缝膏 CSPE	kg	3.99	20.00	79.80
23	乙酸乙酯	kg	15.82	1.50	23.73
24	着色剂	kg	0.44	15.61	6.87
25	密封胶 KS 型	个	2.02	10.00	20.20
26	雨水口 φ100	m	14.03	19.66	275.83
27	塑料水落管 φ100	个	2.02	23.88	48.24
28	塑料雨水斗	t	132.00	3.20	422.40
29	水费	度	1325.74	0.54	715.90

续表 7.7

项目文件:某单位办公楼(建筑工程)

序号	名称及规格	单位	数量	市场价/元	合计/元
30	电费	kg	1 290.48	0.135	174.21
31	钢筋成型加工及运费 φ10 以内	kg	2 265.25	0.101	228.79
32	脚手架租赁费	元	984.61	1.00	984.61
33	材料费	元	3 053.96	1.00	3 035.96
34	模板租赁费	元	1 164.19	1.00	1 164.19
35	其他材料费		2 131.53		2 131.53
	小计				50 727.54
四	机械类别				
1	机械费		1 385.19	1.00	1 385.19
2	其他机具费		2 058.18	1.00	2 058.18
	小计				3 443.37
	合计				71 447.53

7. 建筑工程三材汇总表(见表 7.8)

表 7.8　建筑工程三材汇总表

项目文件:某单位办公楼(建筑工程)

序号	材料名称	单位	数量	序号	材料名称	单位	数量
1	钢材	t	3.559	3	木材	m³	0
2	其中钢筋	t	3.559	4	水泥	t	29.039

8. 建筑工程工程量计算表(见表 7.9)

表 7.9　建筑工程工程量计算表

序号	定额编号	项目名称	工程量计算式	单位	数量
		建筑面积	$[(9.9+0.2+0.24)×(4.5+0.24+2.7+0.24)-2.7×1.2]×2+2.82×1.4/2$	m²	154.93
一		土方工程			
1	1-1	平整场地	$[(9.9+0.24+0.24)×(4.5+0.24+2.7+0.24)-2.7×1.2]×1.4$	m²	107.07

续表 7.9

序号	定额编号	项目名称	工程量计算式	单位	数量
2	1-4	人工挖沟槽	$(1.5+0.2\times2+0.59)\times(34.2+12)\times1.95$ 其中： 1-1 中心线长：$(9.9+7.2)\times2=34.2$ m 2-2 净长线：$(6+7.2+4.5)-(0.75+0.2)\times6=12$ m	m³	224.32
3	1-13	3∶7 灰土垫层	$[0.2+0.15+(0.6^2+0.4^2)^{1/2}]\times0.1\times(1.5+0.2\times2)$	m³	0.20
4	1-7	沟槽回填土夯填	$224.32-21.33-34.68$ 其中： ①挖沟槽：224.32 m³ ②C10 混凝土垫层：21.33 m³ ③砖基础室外地面以下毛体积： $26.35+8.33=34.68$ m³ 其中： 1-1 中心线长：$(9.9+0.12+7.2+0.12)\times2=34.68$ m 2-2 净长线：$17.7-0.12\times6=16.98$ m 1-1 剖：$0.365\times34.68\times(1.65+0.432)=26.35$ m 2-2 剖：$0.24\times16.98\times(1.65+0.394)=8.33$ m	m³	168.31
5	1-14	房心回填土	59.91×0.286 其中： ①房屋净面积：$(9.9-0.24)\times(7.2-0.24)-2.7\times1.2-16.98\times0.24=59.91$ m² ②回填土厚度：$0.45-(0.1+0.05+0.014)=0.286$ m	m³	17.13
6	1-15	余土运输	$224.32-168.31-17.13-0.9\times0.20$	m³	38.70
二		现场搅拌混凝土工程			
1	5-1	C10 混凝土垫层	$1.5\times(34.2+13.2)\times0.3$ 2-2 净长线：$17.7-0.75\times6=13.2$ m	m³	21.33

续表7.9

序号	定额编号	项目名称	工程量计算式	单位	数量
2	5-21	025 现浇构造柱	8.29+0.41+0.37 其中： ①外墙构造柱： [0.36×(0.36+0.03×2)×7+0.36×(0.24+0.03×2)×3]×6=8.29 m³ ②内墙构造柱： 首层：[0.24×0.03×4+0.24×(0.36+0.03×3)]×3=0.41 m³ 二层：[0.24×0.03×3+0.24×(0.36+0.03×2)]×3=0.37 m³	m³	9.07
3	5-24	025 现浇梁	0.25×0.45×4.26	m³	0.48
4	5-27	025 现浇过梁圈梁	1.30+0.36+5.99+1.71+9.94 其中： ①外墙过梁： 0.36×0.18×[(1.5+0.4)×9+(1.2+0.4)+(0.9+0.4)]=1.30 m³ ②内墙过梁： 0.24×0.18×[(1.2+0.4)×2+(0.9+0.4)×4]=0.36 m² ③外墙圈梁： 0.36×0.24×34.68×2=5.99 m³ ④内墙圈梁： 0.24×0.24×(16.98×2-4.26)=1.71 m² ⑤基础内圈梁： (0.36×0.36+0.36×0.24)×34.68+(0.24×0.36+0.24×0.24)×16.98=9.94 m³	m³	19.30
5	5-28	025 现浇板	5.49+5.99 其中： 首层：(59.91-14.17)×0.12=5.490 m³ 二层：[59.91-(0.25-0.24)×4.26]×0.1=5.99 m³	m³	11.48
6	5-40	现浇025 整体直形楼梯	2.46×5.76	m²	14.17
7	5-44	现浇025 阳台	1.4×2.82×(0.07+0.12)×0.5	m³	0.38

续表7.9

序号	定额编号	项目名称	工程量计算式	单位	数量
8	5-46	现浇025雨罩	1.2×1.8×(0.06+0.12)x0.5 +1.8×0.19×0.06	m³	0.21
9	5-51	现浇025栏板	(1.4×2+2.8)×1.1×0.06	m³	0.37
10	5-53	现浇020混凝土台阶	$[(0.25×0.15)×0.5×3+0.2×0.04+(0.45^2+0.75^2)^{1/2}×0.040+(0.15×0.11)×0.5]×1.5$	m³	0.1612
11	5-54	现浇020混凝土压顶	35.16×0.05×0.28 其中: 中心线长:(9.9+0.24+7.2+0.24)×2=35.16 m³	m³	0.49
三		模板工程			
1	7-1	C10混凝土垫层	2.133×1.383	m²	29.50
2	7-17	025现浇构造柱	9.07×6.00	m²	54.42
3	7-28	025现浇梁	0.48×9.606	m²	4.61
4	7-28	025现浇过梁	(1.30+0.36)×9.681 其中: ①外墙过梁:1.30 m² ②内墙过梁:0.36 m²	m²	16.07
5	7-38	025现浇圈梁	(5.99+1.71)×6.579 其中: ①外墙圈梁:5.99 m² ②内墙圈梁:1.71 m²	m²	50.66
6	7-27	025现浇基础梁	9.94×7.899	m²	78.52
7	7-45	025现浇平板	11.48×7.440	m²	85.41
8	7-54	现浇025整体直形楼梯	14.17×2.123	m²	30.08
9	7-56	现浇025阳台	0.38×95.238	m²	36.19
10	7-56	现浇025雨罩	0.21×95.238	m²	20.00
11	7-60	现浇025栏板	0.37×33.898	m²	12.54
12	7-66	现浇020混凝土台阶	0.1612×30.488	m²	9.83
13	7-65	现浇020混凝土压顶	0.49×30.488	m²	14.94

续表7.9

序号	定额编号	项目名称	工程量计算式	单位	数量
四		钢筋工程			
1	8-1	φ10 以内		t	1.259
		025 现浇构造柱	9.07×18.70	kg	169.61
		025 现浇梁	0.48×24.40	kg	11.71
		025 现浇过梁	1.66×34.70	kg	57.60
		025 现浇圈梁	7.7×26.30	kg	202.51
		025 现浇板	11.48×50.90	kg	584.33
		现浇 025 整体直形楼梯	14.17×6.5	kg	92.11
		现浇 025 阳台	0.38×119.00	kg	45.22
		现浇 025 雨罩	0.21×119.00	kg	24.99
		现浇 025 栏板	0.37×71.00	kg	26.27
		现浇 020 混凝土压顶	0.49×92.00	kg	45.08
2	8-2	φ10 以外		t	2.210
		025 现浇构造柱	9.07×103.30	kg	936.93
		025 现浇梁	0.48×87.60	kg	42.05
		025 现浇过梁	1.66×67.20	kg	111.55
		025 现浇圈梁	7.7×99.00	kg	762.30
		025 现浇板	11.48×15.40	kg	176.79
		现浇 025 整体直形楼梯	14.17×12.70	kg	179.96
五		其主工程			
1	4-1	砖基础	32.05+10.16-9.94 其中: 1-1 中心线长:(9.9+0.12+7.2+0.12)×2＝34.68 m 2-2 净长线:17.7-0.12×6＝16.98 m ①毛体积: 1-1 剖:0.365×34.68×[0.45+(1.65+0.432)]＝32.05 m³ 2-2 剖:0.24×16.98×[0.45+(1.65+0.394)]＝10.16 m³ (2)基础内圈梁:9.94 m³	m³	32.27

续表 7.9

序号	定额编号	项目名称	工程量计算式	单位	数量
2	4-17	365 厚 KP1 黏土空心砖外墙	$(34.68\times6-24.1)\times0.365-15.58$ 其中： ①外墙含门窗框外围面积：$19.44+2.82+1.84=24.1$ m² 9C1：$1.47\times1.47\times9=19.44$ m² 1M1：$1.18\times2.39=2.82$ m² 1M2：$0.88\times2.09=1.84$ m² ②外墙含混凝土体积：$8.29+1.30+5.99=15.58$ m³ 外墙构造柱：8.29 m³ 外墙过梁：1.30 m³ 外墙圈梁：5.99 m³	m³	51.57
3	4-19	240 厚 KP1 黏土空心砖内墙	$[(16.98\times2-4.26)\times3-13.0]\times0.24-2.85$ 其中： ①内墙舍门窗面积：$5.64+7.36=13.0$ m² 2M1：$1.18\times2.39\times2=5.64$ m² 4M2：$0.88\times2.09\times4=7.36$ m² ②内墙含混凝土体积：$0.78+0.36+1.71=2.85$ m³ 内墙构造柱：$0.41+0.37=0.78$ m³ 内墙过梁：0.36 m³ 内墙圈梁：1.71 m³	m³	15.41
4	4-24	240 厚 KP1 黏土空心砖女儿墙	$35.16\times0.6\times0.24$ 其中： 中心线长：$(9.9+0.24+7.2+0.24)\times2=35.16$ m³	m³	5.06
六		屋面工程			
1	12-2	干铺加气混凝土保温层	68.04×0.2 其中： 女儿墙内净面积：$9.9\times7.2-2.7\times1.2=68.04$ m³	m³	13.61
2	12-18	水泥粉煤灰陶粒找坡层	68.04×0.035	m³	2.38
3	12-35	着色荆面层	$68.04+34.2\times0.30$ 其中： 女儿墙内周长：$(9.9+7.2)\times2=34.2$ m	m²	78.3

续表7.9

序号	定额编号	项目名称	工程量计算式	单位	数量
4	12-55	屋面排水，塑料雨水管 ϕ100	$(6.25+0.45)\times2$	m	13.4
5	12-61	屋面排水，ϕ100 铸铁下水口	2	套	2
6	12-64	屋面排水，塑料雨水斗	2	套	2
七		防水工程			
1	13-1	20 厚 1:3 水泥砂浆找平层	$68.04+78.3$ 其中： (1)隔气层下找平层:68.04 m² (2)防水层下找平层:78.3 m²	m²	146.34
2	13-98	SBS 改性沥青防水卷材 3 mm 厚	$68.04+34.2\times0.30$	m²	78.3
3	13-126	2 nm 水乳型聚合物水泥基复合防水涂料	$9.9\times7.2-2.7\times1.2$	m²	68.04

7.2　建筑工程施工图预算的审查

7.2.1　施工图预算的审查内容

审查施工图预算的重点应当该放在工程量计算、预算单价套用、设备材料预算价格取定是否正确，各项费用标准是否符合现行规定等方面。

1. 审查工程量

审查工程量的具体内容见表7.10。

表 7.10　审查工程量

序号	工程	需审查的工程量
1	土方工程	土方工程需审查的工程量包括： ①平整场地、挖地坑、挖地槽、挖土方工程量的计算是否符合现行的定额计算规定及施工图纸标注尺寸，土壤类别是否与勘察资料相同，地坑与地槽放坡、带挡土板是否符合设计要求，有无重算和漏算 ②回填土工程量应该注意地槽、地坑回填土的体积是否扣除了基础所占体积，地面和室内填土的厚度是否符合设计要求 ③运土方的审查除了注意运土距离外，还应注意运土数量是否扣除了就地回填的土方

续表7.10

序号	工程	需审查的工程量
2	打桩工程	打桩工程需审查的工程量包括： ①注意审查各种不同桩料,必须分别计算,施工方法必须符合设计要求 ②桩料长度必须符合设计要求,当桩料长度如果超过一般桩料长度需要接桩时,注意审查接头数是否正确
3	砖石工程	砖石工程需审查的工程量包括： ①基础和墙身的划分是否符合规定 ②不同厚度的内、外墙是否分别计算,应扣除的门窗洞口及埋入墙体的各种钢筋混凝土梁、柱等是否已扣除 ③不同砂浆强度等级的墙和按定额规定立方米或平方米计算的墙,有无混淆、错算或漏算
4	混凝土及钢筋混凝土工程	混凝土及钢筋混凝土工程需审查的工程量包括： ①现浇柱与梁,主梁与次梁及各种构件计算是否符合规定,有无重算或漏算 ②现浇与预制构件是否分别计算,有无混淆 ③有筋与无筋构件是否按设计规定分别计算,有无混淆情况 ④当钢筋混凝土的含钢量与预算定额的含钢量发生差异时,是否按规定予以增减调整
5	木结构工程	木结构工程需审查的工程量包括： ①门窗是否分类,按门、窗洞口面积计算 ②木装修的工程量是否按规定分别以延长米或平方米计算
6	楼地面工程	楼地面工程需审查的工程量包括： ①楼梯抹面是否按踏步和休息平台部分的水平投影面积计算 ②当细石混凝土地面找平层的设计厚度与定额厚度不同时,是否按其厚度进行换算
7	屋面工程	屋面工程需审查的工程量包括： ①屋面保温层的工程量是否按屋面层的建筑面积乘以保温层平均厚度计算,不做保温层的挑檐部分是否按规定不作计算 ②卷材屋面工程是否与屋面找平层工程量相等
8	构筑物工程	构筑物工程需审查的工程量：当烟囱和水塔定额是以"座"编制时,地下部分已包括在定额内,按规定不能再另行计算,应审查是否符合要求,有无重算
10	装饰工程	装饰工程需审查的工程量：内墙抹灰的工程量是否按墙面的净高和净宽计算,有无重算或漏算

续表 7.10

序号	工程	需审查的工程量
11	金属构件制作工程	金属构件制作工程需审查的工程量:金属构件制作工程量多数以"吨"为单位。在计算时,型钢按图示尺寸求出长度,再乘以每米的质量;钢板要求算出面积,再乘以每平方米的质量。审查是否符合规定
12	水暖工程	水暖工程需审查的工程量包括: ①室内外排水管道、暖气管道的划分是否符合规定 ②室内给水管道不应扣除阀门、接头零件所占的长度,但应扣除卫生设备本身所附带的管道长度,审查是否符合要求,有无重算 ③室内排水工程采用承插铸铁管,不应扣除异形管及检查口所占长度,应审查是否符合要求,有无漏算 ④室外排水管道是否已经扣除了检查井与连接井所占的长度 ⑤各种管道的长度、管径是否按设计规定计算 ⑥暖气片的数量是否与设计一致
13	电气照明工程	电气照明工程需审查的工程量包括: ①灯具的型号、种类、数量是否与设计图一致 ②线路的敷设方法、线材品种等是否达到设计标准,工程量计算是否正确
14	设备及其安装工程	设备及其安装工程需审查的工程量包括: ①设备的规格、种类、数量是否与设计相符,工程量计算是否正确 ②需要安装的设备和不需要安装的设备是否分清,有无把不需安装的设备作为安装的设备计算在安装工程费用内

2. 审查设备、材料的预算价格

设备、材料预算价格是施工图预算造价所占比重最大,变化最大的内容,应当重点审查。

(1)审查设备、材料的预算价格是否符合工程所在地的真实价格及价格水平。如果是采用市场价,要核实其真实性,可靠性;如果是采用有关部门公布的信息价,要注意信息价的时间、地点是否符合要求,是否要按规定调整。

(2)设备的运杂费率及其运杂费的计算是否正确,材料预算价格的各项费用的计算是否符合规定、有无差错。

(3)设备、材料的原价确定方法是否正确。非标准设备的原价的计价依据、方法是否正确、合理。

3. 审查预算单价的套用

审查预算单价套用是否正确是审查预算工作的主要内容之一。审查时应注意以下几个方面:

（1）预算中所列各分项工程预算单价是否与现行预算定额的预算单价相符,其名称、规格、计量单位及所包括的工程内容是否与单位估价表相同。

（2）审查补充定额及单位估价表的编制是否符合编制原则,单位估价表计算是否正确。

（3）审查换算的单价,首先要审查换算的分项工程是否是定额中允许换算的,其次审查换算是否正确。

4. 审查有关费用项目及其计取

有关费用项目计取的审查,要注意以下几个方面:

（1）措施费的计算是否符合有关的规定标准,间接费和利润的计取基础是否符合现行规定,有无不得作为计费基础的费用列入计费的基础。

（2）预算外调增的材料差价是否计取了间接费。直接工程费或人工费增减后,有关费用是否相应也做了调整。

（3）有无乱计费、乱摊费用现象。

7.2.2 施工图预算的审查方法

1. 全面审查法

全面审查法(即逐项审查法),是按预算定额顺序或施工的先后顺序,逐一进行全部审查的方法。全面审查法具体计算方法和审查过程与编制施工图预算基本一致。

（1）全面审查法的优点有:全面、细致,经审查的工程预算差错比较少,质量比较高。

（2）全面审查法的缺点有:工作量比较大。所以在一些工程量比较小、工艺比较简单的工程,编制工程预算的技术力量又比较薄弱的,采用全面审查法的相对较多。

2. 标准预算审查法

对于利用标准图纸或通用图纸施工的工程,应当先集中力量编制标准预算,以此为标准审查预算的方法。按标准图纸设计或通用图纸施工的工程一般上部结构和做法相同,可以集中力量细审一份预算或编制一份预算,作为这种标准图纸的标准预算,或者用这种标准图纸的工程量为标准,对照审查,而对局部不同部分作单独审查即可。标准预算审查法的优点是:时间短、效果好、好定案;标准预算审查法的缺点是:只适用于按标准图纸设计的工程,适用范围小。

3. 分组计算审查法

分组计算审查法是一种加快审查工程量速度的方法,将预算中的项目划分为若干个组,并将相邻且有一定内在联系的项目编为一组,审查或计算同一组中某个分项工程量,利用工程量间具有相同或相似计算基础的关系,判断同组中其他几个分项工程量计算的准确程度的方法。

4. 对比审查法

对比审查法是用已建成工程的预算或虽未建成但已审查修正的工程预算对比审查拟建的类似工程预算的一种方法。对比审查法,一般存在下列几种情况,应根据工程的不同条件,进行区别对待。

(1)两个工程采用同一个施工图,但基础部分和现场条件不同。其新建工程基础以上部分可采用对比审查法;不同部分可分别采用相应的审查方法进行审查。

(2)两个工程的面积相同,但设计图纸不完全相同时,可以把相同的部分,进行工程量的对比审查,不能对比的分部分项工程按图纸计算。

(3)两个工程设计相同,但是建筑面积不同。依据两个工程建筑面积之比与两个工程分部分项工程量之比例基本一致的特点,可审查新建工程各分部分项工程的工程量。或者用两个工程每平方米建筑面积造价以及每平方米建筑面积的各分部分项工程量,进行对比审查,当基本一致时,说明新建工程预算是正确的,反之则说明新建工程预算有问题,找出差错原因,加以更正。

5. 筛选审查法

筛选法是统筹法的一种,也是一种对比方法。建筑工程虽然有建筑面积及高度的不同,但是它们的各个分部分项工程的造价、工程量、用工量在每个单位面积上的数值变化不大,通常把这些数据加以汇集,优选,归纳为工程量、造价(价值)、用工三个单方基本值表,并注明其适用的建筑标准。这些基本值就像"筛子孔",用来筛选各分部分项工程。当所审查的预算的建筑面积标准与"基本值"所适用标准不同时,就要对其进行调整。

筛选法的优点是:简单易懂,便于掌握,审查速度和发现问题快。但要解决差错、分析其原因时需继续审查。因此,筛选法适用于住宅工程或不具备全面审查条件的工程。

6. 重点抽查法

重点抽查法是抓住工程预算中的重点进行审查的方法。审查的重点一般是:造价较高或工程量大、工程结构复杂的工程,补充单位估价表,计取的各项费用(计费基础、取费标准等)。

重点抽查法的优点是:重点突出、审查时间短、效果好。

7. 利用手册审查法

利用手册审查法是将工程中常用的构件、配件,事先整理成预算手册,按手册对照审查的方法。例如,我们可以将工程常用的预制构件配件按标准图集计算出工程量,套上单价,编制成预算手册使用,可以大大简化预结算的编审工作。

8. 分解对比审查法

一个单位工程,按直接费与间接费进行分解,然后再把直接费按工种和分部工程进行解,分别与审定的标准预算进行对比分析的方法,称为分解对比审查法。

分解对比审查法一般有三个步骤:

第一步,全面审查某种建筑的定型标准施工图或重复使用的施工图的工程预算。经审定后作为审查其他类似工程预算的对比基础。而且将审定预算按直接费与应取费用分解成两部分,再把直接费分解为各工种工程和分部工程预算,分别计算出每平方米预算价格。

第二步,把拟审的工程预算与同类型预算单方造价进行对比,若出入在1%~3%(根据本地区要求),再按分部分项工程进行分解,边分解边对比,对出入较大者,进一步审查。

第三步,对比审查。其方法是:

(1)经过分解对比,若发现土建工程预算价格出入较大,首先审查其土方和基础工程,因为±0.00以下的工程一般相差较大。再对比其余各个分部工程,发现某一分部工程预算价格相差较大时,再进一步对比各分项工程或工程细目。在对比时,先检查所列工程细目是否正确,预算价格是否相同。发现相差较大者,再进一步审查所套预算单价,最后审查该项工程细目的工程量。

(2)经分析对比,若发现应取费用相差较大,应考虑建设项目的投资来源和工程类别及其取费项目和取费标准是否符合现行规定;材料调价相差较大,则应进一步审查《材料调价统计表》,将各种调价材料的用量、单位差价及其调增数量等进行对比。

7.2.3　施工图预算的审查步骤

(1)做好审查前的准备工作

1)熟悉施工图纸。施工图纸是编制预算分项工程数量的重要依据,必须全面熟悉了解。核对所有的图纸,清点无误后,依次识读;参加技术交底,解决图纸中的疑难问题,直至完全掌握图纸。

2)了解预算包括的范围。根据预算编制说明,了解预算包括的工程内容。例如,配套设施,室外管线,道路以及会审图纸后的设计变更等。

3)弄清编制预算采用的单位工程估价表。任何单位预算定额或估价表都有一定的适用范围。根据工程性质,搜集熟悉相应的单价、定额资料。特别是市场材料单价和取费标准等。

(2)选择合适的审查方法,按照相应内容审查。由于工程规模、繁简程度的不同,施工企业情况也有所不同,所编工程预算繁简和质量也不同,因此需针对情况选择相应的审查方法进行审核。

(3)综合整理审查资料,编制调整预算。经过审查,如果发现有差错,需要进行增加或核减的,经与编制单位逐项核实,统一意见后,修正原施工图预算,汇总核减量。

表 7.6 建筑工程预算表

项目文件:某单位办公楼(建筑工程)

序号	定额编号	子目名称	工程量		价值/元		其中								
							人工费/元				材料费/元		机械费/元	
			单位	数量	单价	合价	单价/元	合价/元	单位工日	合计工日	单价	合价	单价	合价
一		人工土石方工程				5 034.83		4 224.57		180.06		4.43		805.83
1	1-1	场地平整	m²	107.07	0.75	80.30	0.75	80.30	0.032	3.43	0	0	0	0
2	1-4	人工挖土沟槽	m³	224.32	12.67	2 842.13	12.67	2 842.13	0.540	121.13	0	0	0	0
3	1-7	回填土夯填	m³	168.31	6.82	1 147.87	6.10	1 026.69	0.26	43.76	0	0	0.72	121.18
4	1-13	灰土垫层3:7	m³	0.20	41.68	8.34	19.03	3.81	0.811	0.16	22.14	4.43	0.51	0.10
5	1-14	房心回填土	m³	17.13	9.80	167.87	9.08	155.54	0.387	6.63	0	0	0.72	12.33
6	1-15	余土运输	m³	38.70	20.37	788.32	3.00	116.10	0.128	4.95	0	0	17.37	672.22
二		砌筑工程				17 437.7		3 557.91		121.9		13 481.14		398.64
1	4-1	砖基础	m³	32.27	165.13	5 328.75	34.51	1 113.64	1.183	38.18	126.57	4 084.41	4.05	130.69
2	4-17	365厚KP1黏土空心砖外墙	m³	51.57	169.01	8 715.85	34.58	1 783.29	1.185	61.11	130.68	6 739.17	3.75	193.39
3	4-19	240厚KP1黏土空心砖内墙	m³	15.41	166.83	2 570.85	32.94	507.61	1.127	17.37	130.22	2 006.69	3.67	56.55
4	4-24	240厚KP1黏土空心砖女儿墙	m³	5.06	162.50	822.25	30.31	153.37	1.035	5.24	128.63	650.87	3.56	18.01
三		现场搅拌混凝土工程	m³			1 664.47		2 613.26		91.13		12 721.86		1 329.35

续表 7.6

项目文件：某单位办公楼（建筑工程）

序号	定额编号	子目名称	工程量		价值/元		其中								
							人工费/元				材料费/元		机械费/元	
			单位	数量	单价	合价	单价/元	合价/元	单位工日	合计工日	单价	合价	单价	合价
1	5-1	C10混凝土垫层	m³	21.33	195.45	4 168.95	24.02	512.35	0.827	17.64	157.96	3 369.29	13.47	287.32
2	5-21	025现浇构造柱	m³	9.07	297.41	2 534.25	50.96	462.21	1.788	16.22	206.48	1 872.77	21.97	199.27
3	5-24换	025现浇梁	m³	0.48	257.87	123.78	30.97	14.87	1.061	0.51	205.00	98.40	21.90	10.51
4	5-27	025现浇过梁、圈梁	m³	19.30	281.39	5 430.83	52.85	1 020.01	1.856	35.82	206.64	3 988.15	21.90	422.67
5	5-28	025现浇板	m³	11.48	254.78	2 924.87	26.53	304.56	0.904	10.38	206.36	2 369.01	21.89	251.30
6	5-40	现浇025整体直形楼梯	m²	14.17	73.31	1 038.80	15.31	216.94	0.540	7.66	49.63	703.26	8.37	118.60
7	5-44	现浇025阳台	m³	0.38	291.81	110.89	51.32	19.58	1.805	0.69	206.00	78.28	34.29	13.03
8	5-46	现浇025雨罩	m³	0.21	286.17	60.10	47.96	10.07	1.677	0.35	206.02	43.26	32.19	6.76
9	5-51	现浇025栏板	m³	0.37	273.52	101.20	55.70	20.61	1.962	0.73	204.64	75.72	13.18	4.88
10	5-53	现浇020混凝土台阶	m³	0.1612	260.95	42.07	45.41	7.32	1.590	0.26	192.14	30.97	23.40	3.77
11	5-54	现浇020混凝土压顶	m³	0.49	262.71	128.73	50.49	24.74	1.775	0.87	189.28	92.75	22.94	11.24
四		模板工程				11 670.12		5 726.19		174.06		5 245.93		698.02
1	7-1	C10混凝土垫层	m²	29.50	12.42	366.39	4.30	126.85	0.130	3.84	7.41	218.60	0.71	20.95
2	7-17	025现浇构造柱	m²	54.42	19.55	1 063.91	10.90	593.18	0.332	18.07	7.81	425.02	0.84	45.71
3	7-28	025现浇梁	m²	4.61	26.94	124.19	16.34	75.33	0.498	2.30	8.52	39.28	2.08	9.59

续表7.6

项目文件:某单位办公楼(建筑工程)

序号	定额编号	子目名称	工程量		价值/元		其中							
							人工费/元				材料费/元		机械费/元	
			单位	数量	单价	合价	单价/元	合价/元	单位工日	合计工日	单价	合价	单价	合价
4	7-28	025 现浇过梁	m²	16.07	26.94	432.93	16.34	262.58	0.498	8.00	8.52	136.92	2.08	33.43
5	7-38	025 现浇圈梁	m²	55.66	21.42	1 085.14	11.86	600.83	0.361	18.29	8.58	434.66	0.98	49.65
6	7-27	025 现浇基础梁	m²	78.52	21.70	1 703.88	11.15	875.50	0.339	26.62	9.10	714.53	1.45	113.85
7	7-45	025 现浇平板	m²	85.41	27.61	2 358.17	12.00	1 024.92	0.364	31.09	14.51	1 239.30	1.10	93.95
8	7-54	现浇025 整体直形楼梯	m²	30.08	61.42	1 847.51	35.21	1 059.12	1.072	32.25	21.23	638.60	4.98	149.80
9	7-56	现浇025 阳台	m²	36.19	31.41	1 136.73	12.41	449.12	0.376	13.61	16.69	604.01	2.31	83.60
10	7-56	现浇025 雨罩	m²	20.00	31.41	628.20	12.41	248.20	0.376	7.52	16.69	333.80	2.31	46.20
11	60	现浇025 栏板	m²	12.54	14.83	185.97	9.93	124.52	0.303	3.80	3.93	49.28	0.97	12.16
12	7-66	现浇混凝土020 台阶	m²	9.83	21.76	213.90	8.52	83.75	0.258	2.54	12.77	125.53	0.47	4.62
13	7-65	现浇混凝土020 压顶	m²	14.94	35.02	523.20	13.54	202.29	0.410	6.13	19.17	286.40	2.31	34.51
五		钢筋工程				9 876.97		610.68		17.46		9 253.29		13.01
1	8-1	Φ10 以内	t	1.259	2 832.29	3 565.85	183.97	231.62	5.292	6.66	2 644.59	3 329.54	3.73	4.70
2	8-2	Φ10 以外	t	2.210	2 855.71	6 311.12	171.52	379.06	4.887	10.80	2 680.43	5 923.75	3.76	8.31
六		屋面工程				3 764.01		410.36		13.17		3 279.43		74.22
1	12-2	干铺加气混凝土保温层	m³	13.61	183.75	2 500.84	13.33	181.42	0.429	5.84	168.05	2 287.16	2.37	32.26

续表 7.6

项目文件:某单位办公楼(建筑工程)

序号	定额编号	子目名称	工程量		价值/元		其中								
			单位	数量	单价	合价	人工费/元				材料费/元		机械费/元	
							单价/元	合价/元	单位工日	合计工日	单价	合价	单价	合价
2	12-18	水泥粉煤灰陶粒找坡层	m³	2.38	285.13	678.61	24.11	57.38	0.809	1.93	246.45	586.55	14.57	34.68
3	12-35	着色剂面层	m³	78.3	1.07	83.78	0.75	58.73	0.024	1.88	0.31	24.27	0.01	0.78
4	12-55	屋面排水,塑料雨水管 φ100	m	13.4	28.50	381.90	5.88	78.79	0.183	2.45	22.25	298.15	0.37	4.96
5	12-61	屋面排水,φ100铸铁下水口	套	2	23.78	47.56	7.41	14.82	0.233	0.47	16.06	32.12	0.31	0.62
6	12-64	屋面排水,塑料雨水斗	套	2	35.66	71.32	9.61	19.22	0.301	0.60	25.59	51.18	0.46	0.92
七		防水工程				4 835.01		222.06		17.25		4 194.85		86.05
1	13-1	20厚1:3水泥砂浆找平层	m²	146.34	6.56	959.99	0.75	109.76	0.063	9.22	4.33	633.65	0.25	36.59
2	13-98	SBS改性沥青防水卷材3 mm	m²	78.3	39.67	3 106.16	12.67	992.06	0.066	5.17	36.87	2 886.92	0.51	39.93
3	13-126	2 mm水乳型聚合物水泥基复合防水涂料	m²	68.04	11.90	809.68	6.10	415.04	0.040	2.72	10.44	710.34	0.15	10.21
4	13-127	水乳型聚合物水泥基复合防水涂料减0.5厚	m²	68.04	0.60	40.82	19.03	1 294.80	0.002	0.14	0.53	36.06	0.01	0.68

8 建筑工程价款结算与竣工决算

8.1 建筑工程价款结算

8.1.1 工程价款的主要结算方式

我国现行工程价款结算根据不同情况,可采取多种按月结算、竣工后一次结算、分段结算、目标结款方式、结算双方约定的其他结算方式,见表8.1。

表8.1 我国现行工程价款结算方式

结算方式	具体内容
按月结算	实行旬末或月中预支,月终结算,竣工后清算的方法。跨年度竣工的工程,在年终进行工程盘点,办理年度结算。我国现行建筑安装工程价款结算中,相当一部分是实行这种按月结算
竣工后一次结算	建设项目或单项工程全部建筑安装工程建设期在12个月以内,或者工程承包合同价值在100万元以下的,可以实行工程价款每月月中预支,竣工后一次结算
分段结算	分段结算即当年开工,当年不能竣工的单项工程或单位工程按照工程进度,划分不同阶段进行结算。分段结算可以按月预支工程款。分段的划分标准,由各部门、自治区、直辖市、计划单列市规定
目标结款方式	在工程合同中,将承包工程的内容分解成不同的控制界面,以业主验收控制界面作为支付工程价款的前提条件。也就是说,将合同中的工程内容分解成不同的验收单元,当承包商完成单元工程内容并经业主(或其委托人)验收后,业主支付构成单元工程内容的工程价款 目标结款方式下,承包商要想获得工程价款,必须按照合同约定的质量标准完成界面内的工程内容;要想尽早获得工程价款,承包商必须充分发挥自己组织实施能力,在保证质量前提下,加快施工进度。这意味着承包商拖延工期时,则业主推迟付款,增加承包商的财务费用、运营成本,降低承包商的收益,客观上使承包商因延迟工期而遭受损失。同样,当承包商积极组织施工,提前完成控制界面内的工程内容则承包商可提前获得工程价款,增加承包收益,客观上承包商因提前工期而增加了有效利润。同时,因承包商在界面内质量达不到合同约定的标准而业主不预验收,承包商也会因此而遭受损失。可见,目标结款方式实质上是运用合同手段、财务手段对工程的完成进行主动控制 目标结款方式中,对控制界面的设定应明确描述,便于量化和质量控制,同时要适应项目资金的供应周期和支付频率

续表8.1

结算方式	具体内容
结算双方约定的 其他结算方式	施工企业在采用按月结算工程价款方式时,要先取得各月实际完成的工程数量,并按照工程预算定额中的工程直接费预算单价、间接费用定额和合同中采用利税率,计算出已完工程造价。实际完成的工程数量,由施工单位根据有关资料计算,并编制"已完工程月报表",然后按照发包单位编制"已完工程月报表",将各个发包单位的本月已完工程造价汇总反映。再根据"已完工程月报表"编制"工程价款结算账单",与"已完工程月报表"一起,分送发包单位和经办银行,据以办理结算 施工企业在采用分段结算工程价款方式时,要在合同中规定工程部位完工的月份,根据已完工程部位的工程数量计算已完工程造价,按发包单位编制"已完工程月报表"和"工程价款结算账单" 对于工期较短、能在年度内竣工的单项工程或小型建设项目,可在工程竣工后编制"工程价款结算账单",按合同中工程造价一次结算 "工程价款结算账单"是办理工程价款结算的依据。工程价款结算账单中所列应收工程款应与随同附送的"已完工程月报表"中的工程造价相符,"工程价款结算账单"除了列明应收工程款外,还应列明应扣预收工程款、预收备料款、发包单位供给材料价款等应扣款项、算出本月实收工程款 为了保证工程按期收尾竣工,工程在施工期间,不论工程长短,其结算工程款,一般不得超过承包工程价值的95%,结算双方可以在5%的幅度内协商确定尾款比例,并在工程承包合同中说明。施工企业如已向发包单位出具履约保函或有其他保证的,可以不留工程尾款 "已完工程月报表"和"工程价款结算账单"的格式见表8.2、表8.3

表8.2　已完工程月报表

发包单位名称：　　　　　　　　　年　月　日　　　　　　　　　单位:元

单项工程和 单位工程名称	合同 造价	建筑 面积	开竣工日期		实际完成数		备注
			开工 日期	竣工 日期	至上月(期)止 已完工程累计	本月(期) 已完工程	

施工企业：　　　　　　　　　　　　　　　　　　编制日期：年　月　日

表 8.3　工程价款结算账单

发包单位名称：　　　　　　　　年　月　日　　　　　　　　　　单位:元

单项工程和单位工程名称	合同造价	本月(期)应收工程款	应扣款项			本月(期)实收工程款	尚未归还	累计已收工程款	备注
			合计	预收工程款	预收备料款				

施工企业：　　　　　　　　　　　　　　　　编制日期：　年　月　日

8.1.2　工程价款结算文件的组成

1. 工程结算编制文件组成

(1)工程结算文件一般由工程结算汇总表、单项工程结算汇总表、单位工程结算表和分部分项(措施、零星、其他)工程结算表及结算编制说明等组成。

(2)工程结算编制说明可以根据委托工程项目的实际情况,以单位工程、单项工程或建设项目为对象进行编制,并对内容予以说明:

1)工程概况。

2)编制范围。

3)编制依据。

4)编制方法。

5)有关材料、设备、参数和费用说明。

6)其他有关问题的说明。

(3)工程结算文件在提交时,受托人应当同时提供与工程结算相关的附件,包括所依据的发承包合同调价条款、工程洽商、设计变更、材料及设备定价单、调价后的单价分析表等与工程结算相关的书面证明材料。

2. 工程结算审查文件组成

(1)工程结算审查文件一般工程结算审查报告、工程结算审查汇总对比表、结算审定签署表、单项工程结算审查汇总对比表、单位工程结算审查汇总对比表、分部分项(措施、零星、其他)工程结算审查对比表以及结算内容审查说明等组成。

(2)工程结算审查报告可以根据该委托工程项目的实际情况,以单位工程、单项工程或建设项目为对象进行编制,并应说明以下内容:概述;审查范围;审查原则;审查依据;审查方法;审查程序;审查结果;主要问题;有关建议。

(3)结算审定签署表由结算审查受托人填制,并由结算审查委托单位、结算编制人和结算审查受托人签字盖章,当结算审查委托人与建设单位不一致时,按照工程造价咨询合同要求或结算审查委托人的要求,确定是否增加建设单位在结算审定签署表上签字盖章。

(4)结算内容审查说明应阐述下列内容:

1)主要工程子目调整的说明。

2)子目单价、材料、设备、参数和费用有重大变化的说明。

3)工程数量增减变化较大的说明。

4)其他有关问题的说明。

8.1.3 工程价款结算的编制

1. 工程结算的编制依据

(1)国家有关法律、法规、规章制度,以及相关的司法解释。

(2)国务院建设行政主管部门以及各省、自治区、直辖市和有关部门发布的工程造价计价标准、计价办法、有关规定及相关解释。

(3)施工发承包合同、专业分包合同,以及补充合同,有关材料、设备采购合同。

(4)招投标文件,包括招标答疑文件、投标承诺、中标报价书及其组成内容。

(5)工程竣工图或施工图、施工图会审记录,经批准的施工组织设计,以及设计变更、工程洽商和相关会议纪要。

(6)经批准的开、竣工报告或停、复工报告。

(7)建设工程工程量清单计价规范或工程预算定额、费用定额及价格信息、调价规定等。

(8)工程预算书。

(9)影响工程造价的相关资料。

(10)结算编制委托合同。

2. 工程结算的编制程序

(1)工程结算应按准备、编制与定稿三个工作阶段进行,并且实行编制人、校对人和审核人分别署名盖章确认的内部审核制度。

(2)结算编制准备阶段。

1)收集与工程结算编制相关的原始资料。

2)熟悉工程结算资料内容,进行分类、归纳、整理。

3)召集相关单位或部门的有关人员参加工程结算预备会议,对结算内容和结算资料进行核对与充实完善。

4)收集建设期内影响合同价格的法律和政策性文件。

(3)结算编制阶段。

1)根据竣工图、施工图以及施工组织设计进行现场踏勘,对需要调整的工程项目进行观察、对照、必要的现场实测和计算,做好书面或影像记录。

2)按既定的工程量计算规则计算需调整的分部分项、施工措施或其他项目工程量。

3)按招投标文件、施工发承包合同规定的计价原则和计价办法对分部分项、施工措施或其他项目进行计价。

4)对于工程量清单或定额缺项以及采用新材料、新设备、新工艺的,应根据施工过程中的合理消耗和市场价格,编制综合单价或单位估价分析表。

5)工程索赔应当按合同约定的索赔处理原则、程序和计算方法,提出索赔费用,经发包人确认后作为结算依据。

6)汇总计算工程费用,包括编制分部分项工程费、施工措施项目费、其他项目费、零星工作项目费或直接费、间接费、利润和税金等表格,初步确定工程结算价格。

7)编写编制说明。

8)计算主要技术经济指标。

9)提交结算编制的初步成果文件进行校对、审核。

(4)结算编制定稿阶段。

1)由结算编制受托人单位的部门负责人对初步成果文件进行检查、校对。

2)由结算编制受托人单位的主管负责人审核批准。

3)在合同约定的期限内,向委托人提交经编制人、校对人、审核人和受托人单位盖章确认的正式的结算编制文件。

3. 工程结算的编制方法

(1)工程结算的编制应区分施工发承包合同类型,采用相应的编制方法。

1)采用总价合同的,应当在合同价基础上对设计变更、工程洽商以及工程索赔等合同约定可以调整的内容进行调整。

2)采用单价合同的,应计算或核定竣工图或施工图以内的各个分部分项工程量,依据合同约定的方式确定分部分项工程项目价格,并对设计变更、工程洽商、施工措施以及工程索赔等内容进行调整。

3)采用成本加酬金合同的,应当依据合同约定的方法计算各个分部分项工程以及设计变更、工程洽商、施工措施等内容的工程成本,并计算酬金及有关税费。

(2)工程结算中涉及工程单价调整时,应当遵循以下原则:

1)合同中已有适用于变更工程、新增工程单价的,按已有的单价结算。

2)合同中类似变更工程、新增工程单价,可以参照类似单价作结算依据。

3)合同中没有适用或类似变更工程、新增工程单价的,结算编制受托人可商洽承包人或发包人提出适当的价格,经对方确认后作为结算依据。

(3)工程结算编制中涉及的工程单价应当按照合同要求分别采用综合单价或工料单价。工程量清单计价的工程项目应采用综合单价;定额计价的工程项目可采用工料单价。

1)综合单价。将分部分项工程单价综合成全费用单价,其内容包括直接费(直接工程费和措施费)、间接费、利润和税金,经综合计算后生成。各分项工程量乘以综合单价的合价汇总后,生成工程结算价。

2)工料单价。把分部分项工程量乘以单价形成直接工程费,加上按规定标准计算的措施费,构成直接费。直接工程费由人工、材料、机械的消耗量及其相应价格确定。直接费汇总后另计算间接费、利润、税金,生成工程结算价。

4. 工程结算的编制内容

（1）工程结算采用工程量清单计价的内容应当包括：

1）工程项目的所有分部分项工程量，以及实施工程项目采用的措施项目工程量；为完成所有工程量并按规定计算的人工费、材料费和设备费、机械费、间接费、利润和税金。

2）分部分项和措施项目以外的其他项目所需计算的各项费用。

（2）工程结算采用定额计价的应包括：套用定额的分部分项工程量、措施项目工程量和其他项目，以及为完成所有工程量和其他项目并按规定计算的人工费、材料费和设备费、机械费、间接费、利润和税金。

（3）采用工程量清单或定额计价的工程结算还应当包括：

1）设计变更和工程变更费用。

2）索赔费用。

3）合同约定的其他费用。

8.1.4 工程价款结算的审查

1. 工程结算的审查要求

（1）严禁采取抽样审查、重点审查、分析对比审查与经验审查的方法，避免审查疏漏现象发生。

（2）应审查结算文件和与结算有关的资料的完整性与符合性。

（3）按施工发承包合同约定的计价标准或计价方法进行审查。

（4）对合同未作约定或约定不明的，可参照签订合同时当地建设行政主管部门发布的计价标准进行审查。

（5）对于工程结算内多计、重列的项目，应当予以扣减；对于少计、漏项的项目，应当予以调增。

（6）对于工程结算与设计图纸或事实不符的内容，应在掌握工程事实和真实情况的基础上进行调整。工程造价咨询单位在工程结算审查时发现的工程结算与设计图纸或与事实不符的内容应约请各方履行完善的确认手续。

（7）对于由总承包人分包的工程结算，其内容与总承包合同主要条款不相符的，应按总承包合同约定的原则进行审查。

（8）工程结算审查文件应当采用书面形式；有电子文本要求的，应当采用与书面形式内容一致的电子版本。

（9）结算审查的编制人、校对人与审核人不得由同一人担任。

（10）结算审查受托人与被审查项目的发承包双方有利害关系，可能影响公正的，应予以回避。

2. 工程结算的审查依据

（1）工程结算审查委托合同和完整、有效的工程结算文件。

（2）国家有关法律、法规、规章制度和相关的司法解释。

（3）国务院建设行政主管部门以及各省、自治区、直辖市和有关部门发布的工程造价计价标准、计价办法、有关规定及相关解释。

（4）施工发承包合同、专业分包合同及补充合同，有关材料、设备采购合同；招投标文件，包括招标答疑文件、投标承诺、中标报价书及其组成内容。

（5）工程竣工图或施工图、施工图会审记录，经批准的施工组织设计，以及设计变更、工程洽商和相关会议纪要。

（6）经过批准的开、竣工报告或停、复工报告。

（7）建设工程工程量清单计价规范或工程预算定额、费用定额及价格信息、调价规定等。

（8）工程结算审查的其他专项规定。

（9）影响工程造价的其他相关资料。

3. 工程结算的审查程序

工程结算审查应当按准备、审查与审定三个工作阶段进行，并且实行编制人、校对人和审核人分别署名盖章确认的内部审核制度。

（1）结算审查准备阶段。

1）审查工程结算手续的完备性、资料内容的完整性，对不符合要求的应退回限时补正。

2）审查计价依据及资料与工程结算的相关性、有效性。

3）熟悉招投标文件、工程发承包合同、主要材料设备采购合同及相关文件。

4）熟悉竣工图纸或施工图纸、施工组织设计、工程状况，以及设计变更、工程洽商和工程索赔情况等。

（2）结算审查阶段。

1）审查结算项目范围、内容与合同约定的项目范围、内容的一致性。

2）审查工程量计算准确性、工程量计算规则与计价规范或定额保持一致性。

3）审查结算单价时，应当严格执行合同约定或现行的计价原则、方法。对于清单或定额缺项以及采用新材料、新工艺的，应根据施工过程中的合理消耗和市场价格审核结算单价。

4）审查变更身份证凭据的真实性、合法性、有效性，核准变更工程费用。

5）审查索赔是否依据合同约定的索赔处理原则、程序和计算方法以及索赔费用的真实性、合法性、准确性。

6）审查取费标准时，应当严格执行合同约定的费用定额标准及有关规定，并审查取费依据的时效性、相符性。

7）编制与结算相对应的结算审查对比表。

（3）结算审定阶段。

1）工程结算审查初稿编制完成后，应当召开由结算编制人、结算审查委托人及结算审查受托人共同参加的会议，听取意见，并进行合理的调整。

2）由结算审查受托人单位的部门负责人对结算审查的初步成果文件进行检查、校对。

3）由结算审查受托人单位的主管负责人审核批准。

4）发承包双方代表人和审查人应当分别在"结算审定签署表"上签认并加盖公章。

5）对结算审查结论有分歧的，应当在出具结算审查报告前，至少组织两次协调会；凡不能共同签认的，审查受托人可适时结束审查工作，并作出必要说明。

6）在合同约定的期限内，向委托人提交经结算审查编制人、校对人、审核人和受托人单位盖章确认的正式的结算审查报告。

4. 工程结算的审查方法

（1）工程结算的审查，应当依据施工发承包合同约定的结算方法进行，根据施工发承包合同类型，采用不同的审查方法。

1）采用总价合同的，应当在合同价的基础上对设计变更、工程洽商以及工程索赔等合同约定可以调整的内容进行审查。

2）采用单价合同的，应当审查施工图以内的各个分部分项工程量，依据合同约定的方式审查分部分项工程价格，并对设计变更、工程洽商、工程索赔等调整内容进行审查。

3）采用成本加酬金合同的，应当依据合同约定的方法审查各个分部分项工程以及设计变更、工程洽商等内容的工程成本，并审查酬金及有关税费的取定。

（2）结算审查中涉及工程单价调整时，参照结算编制单价调整的方法实行。

（3）除非已有约定，对已被列入审查范围的内容，结算采用全面审查的方法。

（4）对法院、仲裁或承发包双方合意共同委托的未确定计价方法的工程结算审查或鉴定，结算审查受托人可以根据事实和国家法律、法规和建设行政主管部门的有关规定，独立选择鉴定或审查适用的计价方法。

5. 工程结算的审查内容

（1）审查结算的递交程序和资料的完备性。

1）审查结算资料递交手续、程序的合法性，以及结算资料具有的法律效力。

2）审查结算资料的完整性、真实性和相符性。

（2）审查与结算有关的各项内容。

1）建设工程发承包合同及其补充合同的合法性和有效性。

2）施工发承包合同范围以外调整的工程价款。

3）分部分项、措施项目、其他项目工程量及单价。

4）发包人单独分包工程项目的界面划分和总包人的配合费用。

5）工程变更、索赔、奖励及违约费用。

6）取费、税金、政策性高速以及材料价差计算。

7）实际施工工期与合同工期发生差异的原因和责任，以及对工程造价的影响程度。

8）其他涉及工程造价的内容。

8.2　建筑工程竣工决算

8.2.1　工程竣工决算的内容

建设项目竣工决算应该包括从筹集到竣工投产全过程的全部实际费用,即包括:建筑工程费、安装工程费、设备工器具购置费用以及预备费等费用。按照财政部、国家发展改革委和住房和城乡建设部的有关文件规定,竣工决算是由竣工财务决算说明书、竣工财务决算报表、工程竣工图以及工程竣工造价对比分析组成的。其中,竣工财务决算说明书与竣工财务决算报表两部分又称建设项目竣工财务决算,是竣工决算的核心内容。

1.竣工财务决算说明书

竣工财务决算说明书主要反映竣工工程建设成果和经验,它是对竣工决算报表进行分析和补充说明的文件,是全面考核分析工程投资与造价的书面总结,是竣工决算报告的重要组成部分,其主要内容包括:

(1)建设项目概况。建设项目概况,它是对工程总的评价。通常从进度、质量、安全和造价方面进行分析说明。

1)进度方面:主要说明开工时间和竣工时间,对照合理工期和要求工期分析是提前还是延期。

2)质量方面:主要根据竣工验收委员会或相当一级质量监督部门的验收评定等级、合格率和优良品率进行说明。

3)安全方面:主要根据劳动工资和施工部门的记录,对有无设备和人身事故进行说明。

4)造价方面:主要对照概算造价,说明节约或超支的情况,用金额和百分率进行分析说明。

(2)资金来源及运用等财务分析。它主要包括工程价款结算、会计账务的处理、财产物资情况以及债权债务的清偿情况。

(3)基本建设收入、投资包干结余、竣工结余资金的上交分配情况。通过对基本建设投资包干情况的分析,说明投资包干数、实际支用数和节约额、投资包干节余的有机构成和包干节余的分配情况。

(4)各项经济技术指标的分析,概算执行情况的分析,根据实际投资完成额与概算进行对比分析;新增生产能力的效益分析,说明支付使用财产占总投资额的比例和占支付使用财产的比例,不增加固定资产的造价占投资总额的比例,分析有机构成和成果。

(5)工程建设的经验及项目管理和财务管理工作以及竣工财务决算中有待解决的问题。

(6)需要说明的其他事项。

2.竣工财务决算报表

建设项目竣工财务决算报表根据大、中型建设项目和小型建设项目分别制定。

大、中型建设项目竣工决算报表包括：建设项目竣工财务决算审批表，大、中型建设项目概况表，大、中型建设项目竣工财务决算表，大、中型建设项目交付使用资产总表及建设项目交付使用资产明细表。

小型建设项目竣工财务决算报表包括：建设项目竣工财务决算审批表、竣工财务决算总表和建设项目交付使用资产明细表等。

（1）建设项目竣工财务决算审批表见表8.4。建设项目竣工财务决算审批表作为竣工决算上报有关部门审批时使用，其格式是按照中央级小型项目审批要求设计的，地方级项目可按照审批要求作适当修改，大、中、小型项目都要按照下列要求填报此表。

1）表中"建设性质"按照新建、改建、扩建、迁建和恢复建设项目等分类填列。

2）表中"主管部门"是指建设单位的主管部门。

3）所有建设项目都须经过开户银行签署意见后，按照有关要求进行报批：中央级小型项目由主管部门签署审批意见；中央级大、中型建设项目报所在地财政监察专员办事机构签署意见后，再由主管部门签署意见报财政部审批；地方级项目由同级财政部门签署审批意见。

4）已具备竣工验收条件的项目，3个月内应及时地填报审批表，若3个月内不办理竣工验收和固定资产移交手续的视同项目已正式投产，其费用不得从基本建设投资中支付，所实现的收入作为经营收入，不再作为基本建设收入。

表8.4　建设项目竣工财务决算审批表

建设项目法人（建设单位）		建设性质	
建设项目名称		主管部门	
开户银行意见： （盖章） 年　月　日			
专员办审批意见： （盖章） 年　月　日			
主管部门或地方财政部门审批意见： （盖章） 年　月　日			

（2）大、中型建设项目概况表见表8.5。大、中型建设项目概况表综合反映大、中型项目的基本概况，其内容包括该项目总投资、建设起止时间、新增生产能力、主要材料消耗、建设成本、完成主要工程量和主要技术经济指标，为全面考核和分析投资的效果提供了依据。

表 8.5　大、中型建设项目概况表

建设项目(单项项目)名称				
主要设计单位			建设地址	
主要施工企业				
占地面积	设计		总投资/万元	
	实际			
新增生产能力	能力(效益)名称		设计	
			实际	
建设起止时间	设计	从　年　月开工　至　年　月竣工		
	实际	从　年　月开工　至　年　月竣工		

项目	概算/元	实际/元	备注
基本建设支出　建筑安装工程投资			
设备、工具、器具			
待摊投资			
其中:建设单位管理费			
其他投资			
待核销基建支出			
非经营项目转出投资			
合计			

设计概算批准文号				
完成主要工程量	建设规模		设备(台、套、吨)	
	设计	实际	设计	实际
收尾工程	工程项目、内容	已完成投资额	尚需投资额	完成时间

1)建设项目名称、建设地址、主要设计单位和主要承包人,按照全称填列。

2)表中各项目的设计、概算、计划等指标,根据批准的设计文件和概算、计划等确定的数字填列。

3)表中所列新增生产能力、完成主要工程量的实际数据,根据建设单位统计的资料和承包人提供的有关成本核算资料填列。

4)表中基建支出是指建设项目从开工起至竣工为止发生的全部基本建设支出,它包括形成资产价值的交付使用资产,例如固定资产、流动资产、无形资产和其他资产支出,还包括不形成资产价值按照规定应核销的非经营项目的待核销基建支出和转出投资。

上述支出,应根据财政部门历年批准的基建投资表中的有关数据填列。按照财政部印发财基字[1998]4号关于《基本建设财务管理若干规定》的通知,应注意以下几点内容:

①建筑安装工程投资支出、设备工器具投资支出、待摊投资支出以及其他投资支出构成建设项目的建设成本。

②待核销基建支出是指非经营性项目发生的江河清障、补助群众造林、水土保持、城市绿化、取消项目可行性研究费、项目报废等不能形成资产部分的投资。对于能够形成资产部分的投资,应当计入交付使用资产价值。

③非经营性项目转出投资支出是指非经营项目为项目配套的专用设施投资,它主要包括专用道路、专用通信设施、送变电站和地下管道等,其产权不属于本单位的投资支出,对于产权归属本单位的,应计入交付使用资产价值。

5)表中"初步设计和概算批准文号",按照最后经批准的日期和文件号填列。

6)表中收尾工程是指全部工程项目验收后尚遗留的少量工程,在表中应明确填写收尾工程内容、完成时间和这部分工程的实际成本,可根据实际情况估算并且加以说明,完工后不再编制竣工决算。

(3)大、中型建设项目竣工财务决算表见表8.6。大、中型建设项目竣工财务决算表是竣工财务决算报表的一种,大、中型建设项目竣工财务决算表是用来反映建设项目的全部资金来源和资金占用情况,也是考核和分析投资效果的依据,它反映竣工的大、中型建设项目从开工到竣工为止全部资金来源和资金运用的情况,是考核和分析投资效果,落实结余资金,并且作为报告上级核销基本建设支出和基本建设拨款的依据。

在编制大、中型建设项目竣工财务决算表前,应先编制出项目竣工年度财务决算,根据编制出的竣工年度财务决算和历年财务决算编制项目的竣工财务决算。该表采用平衡表形式,即资金来源合计等于资金支出合计。具体编制方法如下:

表8.6 大、中型建设项目竣工财务决算表

资金来源	金额	资金占用	金额	补充资料
一、基建拨款		一、基础建设支出		
1.预算拨款		1.交付使用资产		
2.基建资金拨款		2.在建工程		1.基建投资借款 期末余额
其中:国债专项资金拨款		3.待核销基建支出		
3.专项建设资金拨款		4.非经营性项目转出投资		
4.进口设备转账拨款		二、应收生产单位投资借款		
5.器材转账拨款		三、拨付所属投资借款		2.应收生产单位 投资借款期末数
6.煤代油专用资金拨款		四、器材		
7.自筹资金拨款		其中:待处理器材损失		
8.其他拨款		五、货币资金		
二、项目资本金		六、预付及应收款		
1.国家资本		七、有价证券		3.基建结余资金
2.法人资本		八、固定资产		
3.个人资本		固定资产原价		
三、项目资本公积金		减:累计折旧		
四、基建借款		固定资产净值		
其中:国债转贷		固定资产清理		
五、上级拨入投资借款		待处理固定资产损失		
六、企业债券资金				
七、待冲基建支出				
八、应付款				
九、未交款				
1.未交税金				
2.其他未交				
十、上级拨入资金				
十一、留成收入				
合计		合计		

1)资金来源包括基建拨款、项目资本金、项目资本公积金、基建借款、上级拨入投资借款、企业债券资金、待冲基建支出、应付款和未交款以及上级拨入资金和企业留成收入等。

①项目资本金:项目资本金是指经营性项目投资者按照国家有关项目资本金的规定,筹集并投入项目的非负债资金,在项目竣工后,相应转为生产经营企业的国家资本金、法人资本金、个人资本金以及外商资本金。

②项目资本公积金:项目资本公积金是指经营性项目投资者实际缴付的出资额超过其资金的差额(包括发行股票的溢价净收入)、资产评估确认价值或合同协议约定的价值与原账面净值的差额、接受捐赠的财产、资本汇率折算差额,在项目建设期间作为资本公积金,项目建成交付使用并办理竣工决算后,转为生产经营企业的资本公积金。

③基建收入:基建收入是指基建过程中形成的各项工程建设副产品变价净收入、负荷试车的试运行收入以及其他收入,在表中它以实际销售收入扣除销售过程中所发生的费用和税后的实际纯收入填写。

2)表中"交付使用资产"、"预算拨款"、"自筹资金拨款"、"其他拨款"、"项目资本金"、"基建投资借款"和"其他借款"等项目是指自开工建设至竣工的累计数,上述有关指标应根据历年批复的年度基本建设财务决算和竣工年度的基本建设财务决算中资金平衡表相应项目的数字进行汇总填写。

3)表中其余项目费用办理竣工验收时的结余数,根据竣工年度财务决算中资金平衡表的有关项目期末数填写。

4)资金支出反映建设项目从开工准备到竣工全过程资金支出的情况,其内容包括基建支出、应收生产单位投资借款、库存器材、货币资金、有价证券和预付及应收款以及拨付所属投资借款和库存固定资产等,资金支出总额应该等于资金来源总额。

5)基建结余资金一般按以下公式计算:

$$基建结余资金=基建拨款+项目资本金+项目资本公积金+基建投资借款+$$
$$企业债券基金+待冲基建支出-基本建设支出-$$
$$应收生产单位投资借款 \tag{8.1}$$

(4)大、中型建设项目交付使用资产总表见表8.7。大、中型建设项目交付使用资产总表反映建设项目建成后新增固定资产、流动资产、无形资产和其他资产价值的情况和价值,作为财产交接、检查投资计划完成情况和分析投资效果的依据。小型项目不编制交付使用资产总表,直接编制交付使用资产明细表,大、中型项目在编制交付使用资产总表的同时,还需要编制交付使用资产明细表,大、中型建设项目交付使用资产总表具体编制方法如下:

表 8.7 大、中型建设项目交付使用资产总表

序号	单项工程项目名称	总计	固定资产				流动资产	无形资产	其他资产
			合计	建安工程	设备	其他			

交付单位：　　　　　负责人：　　　　　　　接收单位：　　　　　负责人：

盖　章　　　　　年 月 日　　　　　盖　章　　　　　年 月 日

1)表中各栏目数据根据交付使用明细表的固定资产、流动资产、无形资产和其他资产的各项相应项目的汇总数分别填写,表中总计栏的总计数应该与竣工财务决算表中的交付使用资产的金额一致。

2)表中第3栏、第4栏,第8、9、10栏的合计数,应该分别与竣工财务决算表交付使用的固定资产、流动资产、无形资产和其他资产的数据相符。

(5)建设项目交付使用资产明细表见表8.8。建设项目交付使用资产明细表反映交付使用的固定资产、流动资产、无形资产和其他资产及其价值的明细情况,是办理资产交接和接收单位登记资产账目的依据,也是使用单位建立资产明细账和登记新增资产价值的依据。大、中型和小型建设项目都需编制该表。在编制建设项目交付使用资产明细表时,要做到齐全完整,数字准确,各栏目价值应该与会计账目中相应科目的数据保持一致。建设项目交付使用资产明细表具体编制方法如下(表8.8):

1)表中"建筑工程"项目应按照单项工程名称填列其结构、面积和价值。其中"结构"按照钢结构、钢筋混凝土结构、混合结构等结构形式填写;面积则按照各项目实际完成面积填列;价值按照交付使用资产的实际价值填写。

2)表中"固定资产"部分要在逐项盘点后,根据盘点实际情况填写,工具、器具和家具等低值易耗品可以分类填写。

3)表中"流动资产"、"无形资产"和"其他资产"项目应根据建设单位实际交付的名称和价值分别填列。

(6)小型建设项目竣工财务决算总表见表8.9。由于小型建设项目内容比较简单,所以可将工程概况与财务情况合并编制一张竣工财务决算总表,该表主要反映小型建设项目的全部工程和财务情况。小型建设项目竣工财务决算总表在具体编制时,可以参照大、中型建设项目概况表指标和大、中型建设项目竣工财务决算表相应指标内容填写。

表8.8　建设项目交付使用资产明细表

单项工程名称	建筑工程			设备、工具、器具、家具						流动资产		无形资产		其他资产	
	结构	面积/m²	价值/元	名称	规格型号	单位	数量	价值/元	设备安装费/元	名称	价值/元	名称	价值/元	名称	价值/元

表8.9　小型建设项目竣工财务决算总表

建设项目名称		建设地址				资金来源	金额/元	资金运用	金额/元
初步设计概算批准文件						项目		项目	
占地面积		总投资/万元	计划（固定资产·流动资金）	实际（固定资产·流动资金）		一、基建拨款 其中:预算拨款		一、交付使用资产	
		设计				二、项目资本金		二、待核销基建支出	
		实际				三、项目资本公积金		三、非经营项目转出投资	
新增生产力	能力(效益)名称		计划	实际		四、基建借款		四、应收生产单位投资借款	
						五、上级拨入借款			

续表 8.9

建设项目名称		
建设起止时间	计划	从　年　月开工至　年　月竣工
	实际	从　年　月开工至　年　月竣工
建设地址		

基建支出		概算/元	实际/元	资金来源		资金运用	
项目				六、企业债券资金		五、拨付所属投资借款	
建筑安装工程				七、待冲基建资金		六、器材	
设备、工具、器具				八、应付款		七、货币资金	
待摊投资	其中：建设单位管理费			九、未付款　其中：未交基建收入　未交包干收入		八、预付及应收款	
其他投资				十、上级拨入资金		九、有价证券	
待核销基建支出				十一、留成收入		十、原有固定资产	
非经营性项目转出投资							
合计				合计		合计	

3. 建设工程竣工图

建设工程竣工图是指真实地记录各种地上、地下建筑物、构筑物等情况的技术文件，是工程进行交工验收、维护、改建和扩建的依据。全国各建设、设计、施工单位和各主管部门都要认真地做好竣工图的编制工作。

一般规定：各项新建、扩建和改建的基本建设工程，特别是基础、地下建筑、管线、结构、井巷、桥梁、隧道、港口、水坝以及设备安装等隐蔽部位，都要编制竣工图。为了确保竣工图质量，必须在施工过程中及时地做好隐蔽工程检查记录，整理好设计变更文件。编制竣工图的形式和深度，应该根据不同情况区别对待，其具体要求如下：

（1）凡是按图竣工没有变动的，由承包人（包括总包和分包承包人，下同）在原施工图上加盖"竣工图"标志后，作为竣工图。

（2）凡是在施工过程中，虽然有一般性设计变更，但是能将原施工图加以修改补充作为竣工图的，可不重新绘制，由承包人负责在原施工图（必须是新蓝图）上注明修改的部分，并且附以设计变更通知单和施工说明，加盖"竣工图"标志后，作为竣工图。

（3）凡是结构形式、施工工艺、平面布置和项目改变以及有其他重大改变，不宜再在原施工图上修改和补充时，应重新绘制改变后的竣工图。由原设计原因造成的，由设计单位负责重新绘制；由施工原因造成的，由承包人负责重新绘图；由其他原因造成的，由建设单位自行绘制或委托设计单位绘制。承包人负责在新图上加盖"竣工图"标志，并且附以有关记录和说明，作为竣工图。

（4）为了满足竣工验收和竣工决算需要，还应该绘制反映竣工工程全部内容的工程设计平面示意图。

（5）如果重大的改建和扩建工程项目涉及原有工程项目变更时，应当将相关项目的竣工图资料统一整理归档，并且在原图案卷内增补必要的说明。

4. 工程造价对比分析

对控制工程造价所采取的措施、效果及其动态的变化需要进行认真的对比，总结经验教训。批准的概算是考核建设工程造价的依据。在具体分析时，可以先对比整个项目的总概算，然后将建筑安装工程费、设备工器具费和其他工程费用逐一地与竣工决算表中所提供的实际数据和相关资料及批准的概算、预算指标、实际的工程造价进行对比分析，从而确定竣工项目总造价是节约还是超支，并且在对比的基础上，总结先进经验，找出节约和超支的内容和原因，提出改进措施。在实际工作中，主要应分析以下内容：

（1）主要实物工程量。对于实物工程量出入较大的情况，必须查明原因。

（2）主要材料消耗量。考核主要材料消耗量，应当按照竣工决算表中所列明的三大材料实际超概算的消耗量，查明是在工程的哪个环节超出量最大，进而查明超耗的原因。

（3）考核建设单位管理费、措施费和间接费的取费标准。建设单位管理费、措施费和间接费的取费标准应当按照国家和各地的有关规定，根据竣工决算报表中所列的建设单位管理费与概预算所列的建设单位管理费数额进行比较，依据规定查明多列或少列的费用项目，确定其节约超支的数额，并查明原因。

8.2.2　竣工决算的编制依据

竣工决算的编制依据主要包括以下内容：

(1)建设项目计划任务书和有关文件。

(2)建设项目总概算书以及单项工程综合概算书。

(3)建设项目设计图纸及其说明,其中包括总平面图、建筑工程施工图、安装工程施工图以及相关资料。

(4)设计交底或者图纸会审纪要。

(5)招投标标底、工程承包合同以及工程结算资料。

(6)施工记录或者施工签证,以及其他工程中发生的费用记录,例如工程索赔报告和记录、停(交)工报告等。

(7)竣工图以及各种竣工验收资料。

(8)设备、材料调价文件和相关记录。

(9)历年基本建设资料和历年财务决算及其批复文件。

(10)国家和地方主管部门颁布的有关建设工程竣工决算的文件和有关资料。

8.2.3　竣工决算的编制要求

1.按照规定组织竣工验收,保证竣工决算的及时性

竣工结算是对建设工程的全面考核,所有的建设项目(或单项工程)按照批准的设计文件所规定的内容建成后,具备了投产和使用条件的,均应及时地组织验收。对于竣工验收中发现的问题,应当及时地查明原因,采取措施加以解决,以保证建设项目按时交付使用和及时编制竣工决算。

2.积累和整理竣工项目资料,保证竣工决算的完整性

在建设过程中,建设单位应当随时地收集项目建设的各种资料,并且在竣工验收前,对各种资料进行系统地整理,分类立卷,为编制竣工决算提供完整的数据资料,为投产后加强固定资产管理提供依据。在工程竣工时,建设单位应当将各种基础资料与竣工决算一并移交给生产单位或使用单位。

3.清理和核对各项账目,保证竣工决算的正确性

在工程竣工后,建设单位应当认真地核实各项交付使用资产的建设成本;做好各项账务、物资以及债权的清理结余工作,应偿还的及时地偿还,该收回的应及时地收回,对各种结余的材料、设备和施工机械工具等,要逐项清点核实,妥善保管,按照国家有关规定进行处理,不得任意侵占;对于竣工后的结余资金,应当按照规定上交财政部门或上级主管部门。

在完成上述工作,核实了各项数字的基础上,正确地编制从年初起到竣工月份止的竣工年度财务决算,以便根据历年的财务决算和竣工年度财务决算进行整理汇总,编制建设项目决算。

按照规定竣工决算应当在竣工项目办理验收交付手续后1个月内编好,并且上报主

管部门,有关财务成本部分,还应当送经办行审查签证。主管部门和财政部门对报送的竣工决算审批后,建设单位即可办理决算调整和结束有关工作。

8.2.4　竣工决算的编制步骤

1. 收集、整理和分析有关依据资料

在编制竣工决算文件之前,应当系统地整理所有的技术资料、工料结算的经济文件、施工图纸和各种变更与签证资料,并且分析它们的准确性。完整、齐全的资料,是准确而迅速地编制竣工决算的必要条件。

2. 清理各项财务、债务和结余物资

在收集、整理和分析有关资料时,要特别注意建设工程从筹建到竣工投产或使用的全部费用的各项账务,债权和债务的清理,做到工程完毕账目清晰,既要核对账目,还要查点库存实物的数量,做到账与物相等,账与账相符,对于结余的各种材料、工器具和设备,要逐项地清点核实,妥善管理,并且按规定及时处理,收回资金。对于各种往来款项要及时地进行全面清理,为编制竣工决算提供准确的数据和结果。

3. 核实工程变动情况

重新核实各单位工程和单项工程造价,将竣工资料与原设计图纸进行查对和核实。必要时可实地测量,确认实际变更情况;根据经审定的承包人竣工结算等原始资料,按照有关规定对原概、预算进行增减调整,重新核定工程造价。

4. 编制建设工程竣工决算说明

按照建设工程竣工决算说明的内容要求,根据编制依据材料填写在报表中的结果,编写文字说明。

5. 填写竣工决算报表

按照建设工程决算表格中的内容,根据编制依据中的有关资料进行统计、计算各个项目和数量,并且将其结果填写到相应表格的栏目内,完成所有报表的填写。

6. 做好工程造价对比分析

7. 清理和装订好竣工图

8. 上报主管部门审查、存档

将上述编写的文字说明和填写的表格经核对无误装订成册,即为建设工程竣工决算文件。将其上报主管部门审查,并且把其中财务成本部分送交开户银行签证。竣工决算在上报主管部门的同时,抄送有关设计单位。大、中型建设项目的竣工决算还应当抄送财政部、建设银行总行和省、自治区、直辖市的财政局和建设银行分行各一份。建设工程竣工决算的文件,由建设单位负责组织人员编写,在竣工建设项目办理验收使用 1 个月之内完成。

8.2.5　竣工决算编制实例

某一大、中型建设项目 2011 年开工建设,2012 年底有关财务核算资料如下:

（1）已经完成部分单项工程，经验收合格后，已经交付使用的资产包括：

1）固定资产价值 75 540 万元。

2）为生产准备的使用期限在一年以内的备品备件、工具、器具等流动资产价值30 000 万元，期限在一年以上，单位价值在 1 500 元以上的工具 60 万元。

3）建造期间购置的专利权、非专利技术等无形资产 2 000 万元，摊销期 5 年。

4）筹建期间发生的开办费 80 万元。

（2）基本建设支出的项目包括：

1）建筑安装工程支出 16 000 万元。

2）设备工器具投资 44 000 万元。

3）建设单位管理费、勘察设计费等待摊投资 2 400 万元。

4）通过出让方式购置的土地使用权形成的其他投资额 110 万元。

（3）非经营项目发生的待核销基建支出 50 万元。

（4）应收生产单位投资借款 1 400 万元。

（5）购置需要安装的器材 50 万元，其中，待处理器材 15.5 万元。

（6）货币资金 468 万元。

（7）预付工程款及应收有偿调出器材款 20 万元。

（8）建设单位自用的固定资产原值 60 555 万元，累计折旧 10 027 万元。

（9）预算拨款 52 200 万元。

（10）自筹资金拨款 57 800 万元。

（11）其他拨款 520 万元。

（12）建设单位向商业银行借入的借款 111 000 万元。

（13）建设单位当年完成交付生产单位使用的资产价值中，195 万元属于利用投资借款形成的待冲基建支出。

（14）应付器材销售商 40 万元贷款和尚未支付的应付工程款 1 961 万元。

（15）未交税金 30 万元。

根据上述有关资料编制项目竣工财务决算表见表 8.10。

表 8.10　大、中型建设项目竣工财务决算表

建设项目名称：××建设项目　　　　　　　　　　　　　　　　　单位：万元

资金来源	金额	资金占用	金额	补充资料
一、基建拨款	110 520	一、基本建设支出	170 240	1. 基建投资借款期末余额
1. 预算拨款	52 200	1. 交付使用资产	107 680	
2. 基建基金拨款		2. 在建工程	62 510	2. 应收生产单位投资借款期末余额
3. 进口设备转账拨款		3. 待核销基建支出	50	
4. 器材转账拨款		4. 非经营项目转出投资		3. 基建结余资金
5. 煤代油专用基金拨款		二、应收生产单位投资借款	1 400	
6. 自筹资金拨款	57 800	三、拨付所属投资借款		

续表 8.10

建设项目名称:××建设项目 单位:万元

资金来源	金额	资金占用	金额	补充资料
7. 其他拨款	520	四、器材	50	
二、项目资本金		其中:待处理器材损失	15.5	
1. 国家资本		五、货币资金	468	
2. 法人资本		六、预付及应收款	20	
3. 个人资本		七、有价证券		
三、项目资本公积金		八、固定资产	50 528	
四、基建借款	110 000	固定资产原值	60 555	
五、上级拨入投资借款		减:累计折旧	10 027	
六、企业债券资金		固定资产净值	50 528	
七、待冲基建支出	195	固定资产清理		
八、应付款	1 961	待处理固定资产损失		
九、未交款	30			
1. 未交税金	30			
2. 未交基建收入				
3. 未交基建包干节余				
4. 其他未交款				
十、上级拨入资金				
十一、留成收入				
合计	222 706	合计	222 706	

参考文献

[1]中华人民共和国住房和城乡建设部.建设工程工程量清单计价规范 GB 50500—2013
[S].北京:中国计划出版社,2013.

[2]中华人民共和国住房和城乡建设部.房屋建筑与装饰工程工程量计算规范 GB
50854—2013[S].北京:中国计划出版社,2013.

[3]中华人民共和国建设部.全国统一建筑工程基础定额 GJD—101-1995[S].北京:中国
计划出版社,2003.

[4]中华人民共和国建设部.全国统一建筑工程预算工程量计算规则 GJDGZ—101—1995
[S].北京:中国计划出版社,2002.

[5]赵平.建筑工程概预算[M].北京:中国建筑工业出版社,2009.

[6]李玉芬.建筑工程概预算[M].2 版.北京:机械工业出版社,2010.

[7]刘富勤.建筑工程概预算[M].武汉:武汉理工大学出版社,2013.

[8]焦红.建筑工程概预算[M].北京:机械工业出版社,2010.